U0293374

STEP-BY-STEP

cakes

风靡全球的欧式蛋糕烘焙教科书

STEP-BY-STEP

cakes

风靡全球的
欧式蛋糕烘焙教科书

（英）卡洛琳·布瑞斯通 著 白鲜平 译

河南科学技术出版社
·郑州·

目录

快速选择食谱 巧克力蛋糕

三层巧克力夹心蛋糕
第46页

准备时间 15分钟 烘烤时间 30~35分钟

榛仁巧克力棕饼
第186页

准备时间 25分钟 烘烤时间 12~15分钟

坚果巧克力蛋糕
第42页

准备时间 25分钟 烘烤时间 45~50分钟

西梅巧克力甜点蛋糕
第74页

准备时间 30分钟 烘烤时间 40~45分钟

经典巧克力蛋糕
第44页

准备时间 30分钟 烘烤时间 20~25分钟

黑森林大蛋糕
第84页

准备时间 55分钟 烘烤时间 40分钟

梨香巧克力蛋糕
第47页

准备时间 15分钟 烘烤时间 30分钟

酸樱桃巧克力棕饼
第190页

准备时间 15分钟 烘烤时间 20~25分钟

特浓巧克力翻糖蛋糕
第50页
准备时间 40分钟 烘烤时间 30分钟

烤箱巧克力慕斯
第52页
准备时间 20分钟 烘烤时间 60分钟

栗子泥巧克力夹心蛋卷
第80页
准备时间 50~55分钟 烘烤时间 5~7分钟

巧克力纸杯蛋糕
第104页
准备时间 20分钟 烘烤时间 20~25分钟

杏仁饼干巧克力蛋卷
第82页
准备时间 25~30分钟 烘烤时间 20分钟

巧克力翻糖蛋糕球
第108页
准备时间 35分钟 烘烤时间 25分钟

巧克力熔岩蛋糕
第118页
准备时间 20分钟 烘烤时间 5~15分钟

巧克力千层酥
第96页
准备时间 120分钟 烘烤时间 25~30分钟

快速选择食谱　果味蛋糕

蓝莓翻转蛋糕
第60页
准备时间 15分钟　烘烤时间 35~40分钟

樱桃杏仁蛋糕
第61页
准备时间 20分钟　烘烤时间 90~105分钟

樱桃燕麦饼干
第184页
准备时间 15分钟　烘烤时间 25分钟

浓香型果味蛋糕
第70页
准备时间 25分钟　烘烤时间 150分钟

清爽型果味蛋糕
第75页
准备时间 25分钟　烘烤时间 90~105分钟

李子大布丁
第76页
准备时间 45分钟　蒸制时间 8~10小时

天使蛋糕
第24页
准备时间 30分钟　烘烤时间 35~45分钟

奶油覆盆子吉诺瓦士多层海绵蛋糕
第26页
准备时间 30分钟　烘烤时间 25~30分钟

柠檬玉米面蛋糕
第40页
准备时间 30分钟　烘烤时间 50~60分钟

柠檬蓝莓玛芬
第120页
准备时间 20~25分钟　烘烤时间 15~20分钟

德式苹果蛋糕
第54页
准备时间 30分钟　烘烤时间 45~50分钟

巴伐利亚李子蛋糕
第62页
准备时间 35~40分钟　烘烤时间 50~55分钟

快速选择食谱

香蕉面包
第64页
准备时间 20~25分钟　烘烤时间 35~40分钟

覆盆子奶油蛋白酥
第138页
准备时间 10分钟　烘烤时间 60分钟

夏日清新草莓千层酥
第97页
准备时间 120分钟　烘烤时间 25~30分钟

法式草莓奶油马卡龙
第162页
准备时间 30分钟　烘烤时间 18~20分钟

草莓司康饼
第129页
准备时间 15~20分钟　烘烤时间 12~15分钟

快速选择食谱　儿童甜品

香草奶油纸杯蛋糕
第100页
准备时间 20分钟　烘烤时间 20~25分钟

粉红诱惑之翻糖蛋糕
第106页
准备时间 20~25分钟　烘烤时间 25分钟

无比派
第112页
准备时间 40分钟　烘烤时间 12分钟

草莓奶油无比派
第117页
准备时间 40分钟　烘烤时间 12分钟

姜饼小人儿
第152页
准备时间 20分钟　烘烤时间 10~12分钟

榛子葡萄干燕麦饼干
第144页
准备时间 20分钟　烘烤时间 10~15分钟

白巧克力澳洲坚果饼干
第147页
准备时间 25分钟　烘烤时间 10~15分钟

苹果玛芬
第123页
准备时间 10分钟　烘烤时间 20~25分钟

浓香胡萝卜蛋糕
第37页
准备时间 20分钟　烘烤时间 30分钟

巧克力纸杯蛋糕
第104页
准备时间 20分钟　烘烤时间 20~25分钟

快速选择食谱　餐后甜品

玛德琳小蛋糕
第124页
准备时间 15~20分钟　烘烤时间 10分钟

威尔士小蛋糕
第130页
准备时间 20分钟　烘烤时间 16~24分钟

瑞典圣诞饼干
第154页
准备时间 20分钟　烘烤时间 10分钟

意式花瓣饼干：卡尼思脆莉
第156页
准备时间 20分钟　烘烤时间 15~20分钟

瑞士蛋卷
第28页
准备时间 20分钟　烘烤时间 12~15分钟

红莓开心果燕麦饼干
第146页
准备时间 20分钟　烘烤时间 10~15分钟

杏仁蛋白马卡龙小饼
第158页
准备时间 10分钟　烘烤时间 12~15分钟

圣诞之星肉桂饼干
第155页
准备时间 20分钟　烘烤时间 12~15分钟

巧克力熔岩蛋糕
第118页
准备时间 20分钟　烘烤时间 5~15分钟

巧克力玛芬
第122页
准备时间 10分钟　烘烤时间 15分钟

家常蛋糕

维多利亚海绵蛋糕

成功的维多利亚海绵蛋糕，发酵良好，质地轻盈温润，可以说是英式蛋糕的标志和典范。

食用人数：6~8人
准备时间：30分钟
烘烤时间：20~25分钟
冷冻保存时间：无夹心的蛋糕可冷冻存放4周

所需工具：
2个直径18厘米（7英寸）的圆形蛋糕模

原料：
175克无盐黄油，室温软化，多备少许，涂油层用
175克细砂糖
3个鸡蛋
1茶匙香草精
175克自发粉
1茶匙泡打粉

夹心料：
50克无盐黄油，室温软化
100克糖粉，多备少许，装点用
1茶匙香草精
115克上等无籽覆盆子果酱

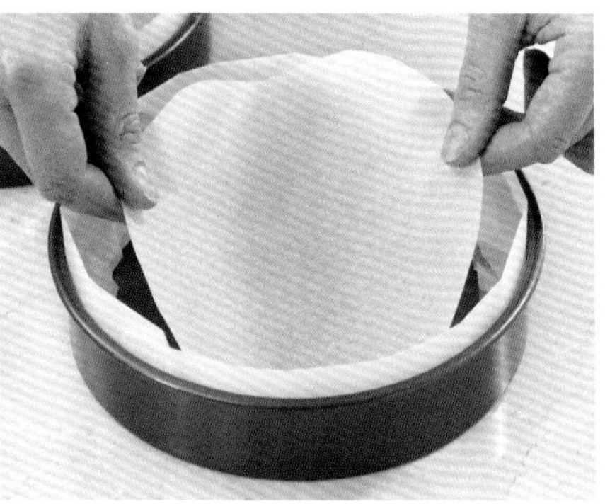

1 预热烤箱至180℃ / 燃气4，取少许黄油涂抹在蛋糕模内壁，底部铺好烤盘纸。

2 黄油和糖一起放入盆中，用电动搅拌器击打2分钟，直到质地发白，轻盈如羽毛状即可。

3 把鸡蛋逐个加入，混合均匀后再加入下一个。要注意不可留有细小结块。

4 加入香草精，搅匀成质地一致的面糊状。

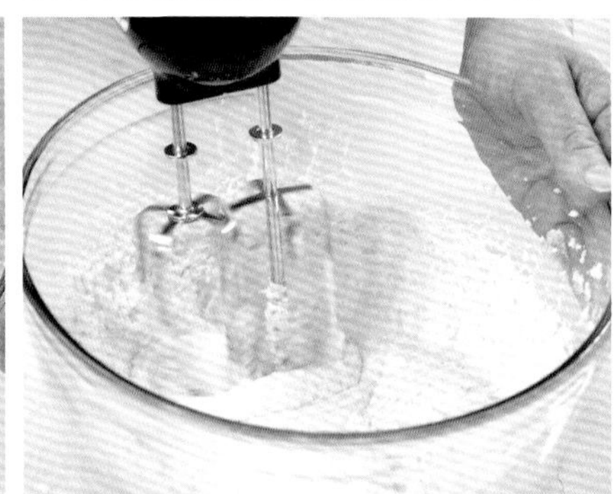

5 用电动搅拌器击打2分钟，见表面出现气泡即可。

6 取出电动搅拌器，把自发粉和泡打粉一起过筛加入盆中。

7 用金属勺轻快地把自发粉和泡打粉掺入，混合成均匀蛋糕糊即可，不可过度搅拌，否则会影响蛋糕的膨松。

8 把蛋糕糊平分倒入2个蛋糕模中，表面用抹刀抹平。

9 入烤箱烤制20~25分钟。此时蛋糕表面呈金棕色，手指按压有弹性。

10 用扦子插入蛋糕内部，取出后如果表面光洁，就说明蛋糕烤好了。

11 停留几分钟后把蛋糕出模。揭下烤盘纸，比较平整的一面朝上，放在烤网上冷却。

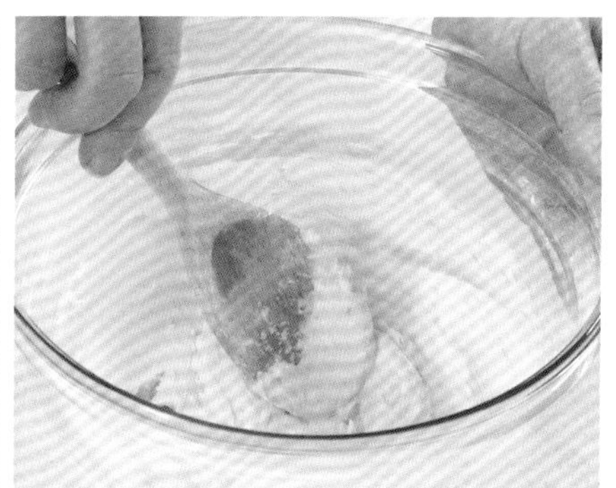

12 制作夹心。黄油、糖粉和香草精一起搅拌均匀呈奶油状。

13 黄油均匀地抹到其中一块蛋糕上。

14 再把果酱均匀地抹在黄油上，形成颜色对比。

15 把另一块蛋糕齐整地摆在上面。如果喜欢，可撒上糖粉装饰后食用。

保存心得：有夹心的蛋糕可放入密闭容器，在阴凉处存放2天。无夹心的蛋糕可同法存放3天，食用时加入夹心即可。

维多利亚海绵蛋糕的花样翻新

咖啡核桃蛋糕

一块咖啡核桃蛋糕，加上一杯香气袅袅的咖啡，就是一份美好的早餐。注意这里的蛋糕模选用了略小的尺寸，是为了让成品蛋糕显得“高”，整体效果会令人满意。

食用人数：8人

准备时间：20分钟

烘烤时间：20~25分钟

冷冻保存时间：无夹心的蛋糕可冷冻存放8周

所需工具：

2个直径17厘米（6.75英寸）的圆形蛋糕模

原料：

175克无盐黄油，室温软化，多备少许，涂油层用
175克细砂糖
3个鸡蛋
1茶匙香草精
175克自发粉
1茶匙泡打粉
1汤匙特浓咖啡粉，用2汤匙开水调开并放凉

夹心和糖霜料：

100克无盐黄油，室温软化
200克糖粉
9块核桃仁

做法详解：

1 预热烤箱至180℃ / 燃气4，取少许黄油涂抹在蛋糕模内壁，底部铺好烤盘纸。黄油和糖一起放入盆中，用电动搅拌器击打，直到质地发白，轻盈如羽毛状即可。

2 把鸡蛋逐个加入，混合均匀后再加入下一个。要注意不可留有细小结块。加入香草精，搅匀成稀糊状后，再用电动搅拌器击打2分钟，见表面出现气泡即可。取出电动搅拌器，把自发粉和泡打粉一起过筛加入盆中。

3 用金属勺轻快地把自发粉和泡打粉掺入，把咖啡液加入一半，混合成均匀的蛋糕糊即可。不可过度搅拌，否则会影响蛋糕的松软。蛋糕糊平分倒入2个蛋糕模中，表面用抹刀抹平。

4 入烤箱烤制20~25分钟。待蛋糕表面呈金棕色，手指按压有弹性时，用扦子插入蛋糕内部，取出后如果表面光洁，就说明蛋糕烤好了。从烤箱中取出蛋糕模，停留几分钟后把蛋糕出模。揭下烤盘纸，比较平整的一面朝上，放在烤网上冷却。

5 制作夹心和糖霜料。黄油、糖粉一起搅打均匀呈奶油状。余下的一半咖啡液加入后继续击打几分钟，质地光滑、色泽均匀时即成咖啡奶油霜。取一半咖啡奶油霜均匀地抹到其中一块蛋糕上，再把第二块蛋糕齐整地摆上，另一半的咖啡奶油霜抹在蛋糕表面，用核桃仁装点，即可食用。

保存心得：有夹心的蛋糕可放入密闭容器，在阴凉处存放3天。

马德拉蛋糕

柠檬和黄油的添加使这款原本普通的蛋糕身价倍增。

食用人数：8~10人　准备时间：20分钟　烘烤时间：50~60分钟　冷冻保存时间：8周

所需工具：
1个直径18厘米（7英寸）的圆形活底蛋糕模

原料：
175克无盐黄油，室温软化，多备少许，涂油层用
175克细砂糖
3个鸡蛋
225克自发粉
1个柠檬，皮擦细末

做法详解：

1 预热烤箱至180℃／燃气4，取少许黄油涂抹在蛋糕模内壁，底部铺好烤盘纸。

2 黄油和糖一起放入盆中，用电动搅拌器击打2分钟，到质地发白，轻盈如羽毛状即可。把鸡蛋逐个加入，混合均匀后再加入下一个。要注意不可留有细小结块。

3 再用电动搅拌器击打2分钟，直到表面出现气泡。取出电动搅拌器，自发粉过筛加入盆中，柠檬皮细末随后加入。用金属勺轻快地搅动，混合成均匀蛋糕糊即可。

4 蛋糕糊倒入蛋糕模中，表面用抹刀抹平。入烤箱烤制50~60分钟。用扦子插入蛋糕内部，取出后如果表面光洁，就说明蛋糕烤好了。从烤箱中取出蛋糕模，停留几分钟后再出模。揭下烤盘纸，放在烤网上冷却。

保存心得： 可放入密闭容器，在阴凉处存放3天。

烘焙大师的小点子：
成功的维多利亚蛋糕及类似蛋糕，制作中有一点需要特别注意：掺入面粉时动作要快捷，切勿过度搅动使混合物中的空气流失，这是成品“质地轻盈松软”的关键。喜欢口感清爽的，可选用烘焙专用的人造黄油。人造黄油中水分较多，有助于保存空气。不过天然黄油的香气浓郁可就要失去了。

大理石纹长条蛋糕

把处理好的蛋糕糊分成两份，可可粉加入其中一份中，再把两份蛋糕糊略微搅动混合起来，就可完成一块大理石纹长条蛋糕。

食用人数：8~10人　准备时间：25分钟　烘烤时间：45~50分钟　冷冻保存时间：8周

所需工具：
容量900克的长方形烤模

原料：
175克无盐黄油，室温软化，多备少许，涂油层用
175克细砂糖
3个鸡蛋
1茶匙香草精
150克自发粉
1茶匙泡打粉
25克可可粉

做法详解：

1 预热烤箱至180℃/燃气4，取少许黄油涂抹在烤模内壁，底部铺好烤盘纸。

2 黄油和糖一起放入盆中，用电动搅拌器中速击打2分钟，到质地发白，轻盈如羽毛状即可。把鸡蛋逐个加入，混合均匀后再加入下一个。要注意不可留有细小结块。加入香草精，搅匀成稀糊状后，再用电动搅拌器击打2分钟，见表面出现气泡即可。取出电动搅拌器，自发粉和泡打粉一起过筛加入盆中。

3 用金属勺轻快地把自发粉和泡打粉掺入。蛋糕糊平分2份，一份倒入烤模内，另一份放入大碗，加入可可粉，搅匀成可可蛋糕糊。可可蛋糕糊倒入烤模，用餐刀或扦子插入蛋糕糊中大幅度搅动两三下，让两种颜色的蛋糕糊交融形成对比（切不可多搅）。

4 入烤箱烤制45~50分钟。用扦子插入蛋糕内部，取出后如果表面光洁，就说明蛋糕烤好了。从烤箱中取出蛋糕模，停留几分钟后把蛋糕出模。揭下烤盘纸，放在烤网上冷却。

保存心得： 可放入密闭容器，在阴凉处存放3天。

天使蛋糕

这款美式经典蛋糕的名字来源于它洁白的外观和十分松软的质地。因为蛋糕中几乎不含脂肪，所以不能存放，最好制作当天食用。

食用人数：8~12人　准备时间：30分钟　烘烤时间：35~45分钟

所需工具：
容量1.7升的环形蛋糕模
糖浆温度计

原料：
1块黄油，涂油层用
150克普通面粉
100克糖粉
8个蛋白（蛋黄可留作他用，比如软冻或者夹心馅）
1小撮塔塔奶油
250克细砂糖
几滴香草精或者杏仁精

糖霜用料：
150克细砂糖
2个蛋白
切半草莓、蓝莓、覆盆子各少许，装点用
糖粉少许，装点用

做法详解：

1 预热烤箱至180℃／燃气4，黄油用小锅加热熔化后，用刷子足量刷在烤模内壁。面粉和糖粉一起过筛到大碗中（参见下面的烘焙大师的小点子）。

2 蛋白、塔塔奶油一起放入盆中，用电动搅拌器击打，到质地发硬，混合物能站起来。继续击打，与此同时每次1汤匙把细砂糖逐渐加入。注意每次都要混合均匀后再加入下一勺。糖加完后，把大碗中的面粉和糖粉再次过筛加入盆中，用金属勺轻快搅动，最后把香草精或者杏仁精掺入，即成蛋糕糊。

3 蛋糕糊倒入烤模内，应该刚好填满烤模。表面用抹刀刮平，放入预热好的烤箱中，烤制35~45分钟，手指触摸硬实即可。

4 取出蛋糕模，倒扣着放在烤网上放凉后，再把蛋糕出模。

5 制作糖霜。糖粉放入小锅中，和4汤勺水一起小火加热、搅动，糖完全溶化后继续加热。此时要注意观察，糖浆温度计测量温度达到114~118℃即可（或者把糖浆滴入冰水中不立即散开、能形成糖球时）。

6 煮糖水的同时，击打蛋白直到发硬成形。步骤5中的糖浆达到指定温度范围后，立即离火，把锅底放入冷水中浸一下，使糖浆温度不再升高。一边击打，一边把糖浆缓慢、持续地倒入蛋白中。继续击打约5分钟，直到混合物能够成形。

7 迅速地把步骤6做好的糖霜用抹刀抹在蛋糕环的里里外外。动作要快，因为这种糖霜很快会凝结。抹的时候可以随心做出花样。接着把准备好的草莓、蓝莓、覆盆子摆在蛋糕上，撒上糖粉，漂亮迷人的天使蛋糕就完成了。

烘焙大师的小点子：
这个配方里的面粉和糖粉要过筛两次。这是为了让蛋糕更加松软、轻盈。大师建议过筛的时候，筛子和下面容器的距离尽可能远，这样面粉颗粒在降落的过程中有更多机会接触空气。过筛两次的目的也是如此。

奶油覆盆子吉诺瓦士多层海绵蛋糕

源于意大利的法式海绵蛋糕。这款美丽的蛋糕正是以吉诺瓦士为基础，加上新鲜的奶油和水果组合制作而成的。它可作为正式的餐后甜点，也可以作为“压轴主茶点”，轻松变身于下午茶聚会上。

食用人数：8~10人
准备时间：30分钟
烘烤时间：25~30分钟
冷冻保存时间：无夹心的蛋糕可冷冻存放4周

所需工具：
直径20厘米（8英寸）的圆形活底蛋糕模

原料：
40克无盐黄油，多备少许，涂油层用
4个大鸡蛋
125克细砂糖
125克普通面粉
1茶匙香草精
1个柠檬，皮擦细末
75克覆盆子，装点用（也可用其他莓果代替）

夹心用料：
450毫升浓奶油或可打发奶油
325克覆盆子（可用其他莓果代替，最好和装点料一致）
1汤匙糖粉，多备少许，装点用

做法详解：

1 黄油熔化。预热烤箱至180℃/燃气4。取少量黄油刷在烤模内壁，底部铺好烤盘纸。

2 用敞口锅加热一锅水。同时准备一只玻璃大碗，放入细砂糖和鸡蛋。锅中水煮开后离火，把大碗浸入热水中，用电动搅拌器击打鸡蛋和糖大约5分钟，此时混合物体积膨胀至原来的大约5倍，把搅拌器取出时能拖出长长的尾巴。把碗从锅中拿出来，继续击打1分钟，加速冷却。

3 面粉过筛加入鸡蛋混合物中，随之加入香草精、柠檬皮末、黄油，动作轻快地混匀，即成蛋糕糊。

4 蛋糕糊倒入烤模中，烤制25~30分钟。见顶部膨起、色泽金黄时，用扦子插入蛋糕内部，取出后如果表面光洁，就说明蛋糕烤好了。

5 从烤箱中取出蛋糕模，停留几分钟后把蛋糕出模。揭下烤盘纸，放在烤网上冷却。

6 蛋糕凉透后，小心地沿水平方向剖成3等份。建议使用锯齿状的面包切刀。

7 小盆中击打奶油直到松软膨胀、能够成形。覆盆子大致压碎，和糖粉一起掺入奶油中。注意压出来的果汁不可加入奶油中，以防止奶油太稀软。夹心馅料就做好了。

8 把底部那层蛋糕摆在甜点盘中，取一半的夹心料平铺其上；把中间的一层蛋糕加上，轻轻压实；再平铺余下的一半夹心料，把顶层的蛋糕盖上，再次轻轻压实。把装点用的覆盆子摆上，最后撒上糖粉。建议立即食用。

准备心得：海绵蛋糕可以提前1天做好，放入密闭容器保存。次日享用时再切开，和现做的夹心料一起组合。

烘焙大师的小点子：
这个源自意大利的蛋糕在黄油的用量上相当节制，相对健康。它最大的优点是适应性非常强，可以和你喜欢的任何夹心馅料搭配并且相得益彰。最大的缺点是油脂偏少，不易储存，最好在烤制好24小时内食用。

奶油覆盆子吉诺瓦士多层海绵蛋糕

瑞士蛋卷

卷起一个蛋卷还是需要一些技巧和实践经验的——只要跟着下面的详细步骤，你就能做出完美的瑞士蛋卷。

食用人数：8~10人　准备时间：20分钟　烘烤时间：12~15分钟　冷冻保存时间：8周

所需工具：

33厘米×23厘米（13英寸×9英寸）的长方形瑞士蛋卷模

原料：

3个大鸡蛋
100克细砂糖，多备少许，装点用
1小撮盐
75克自发粉
1茶匙香草精
6汤匙覆盆子果酱（也可选用其他任何果酱或者巧克力涂抹酱），夹心用

1 预热烤箱至200℃/燃气6。烤模底部铺好烤盘纸。

2 用敞口锅煮开半锅水，保持微微沸腾。选一个玻璃盆，底部比锅口略大，放在锅上。注意锅中水的高度不可超过一半，避免和玻璃盆底部接触。

3 细砂糖、盐和鸡蛋一起放入玻璃盆中，用电动搅拌器击打约5分钟，此时混合物质地稠厚。

4 把搅拌器取出放在混合物表面，可停留几秒后再坠入其中。初步击打完成。玻璃盆从热水锅上取下。

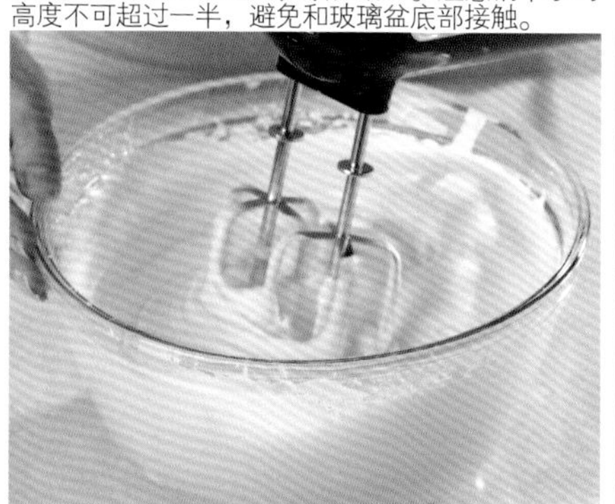

5 继续击打1~2分钟，加速冷却。

6 自发粉过筛加入鸡蛋混合物中，随之加入香草精，动作轻快地混匀成蛋糕糊。

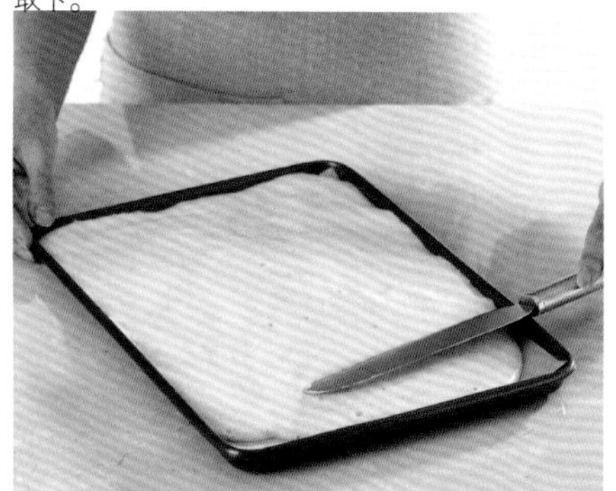

7 蛋糕糊倒入烤模中，用抹刀摊开到每一个角落并抹平表面。

8 入烤箱烤制12~15分钟。见色泽金黄，手指按压有弹性时，蛋糕就烤好了。

9 从烤箱中取出蛋糕模，自然冷却。观察到蛋糕回缩，四周离开蛋糕模的四壁，就可以开始卷了。

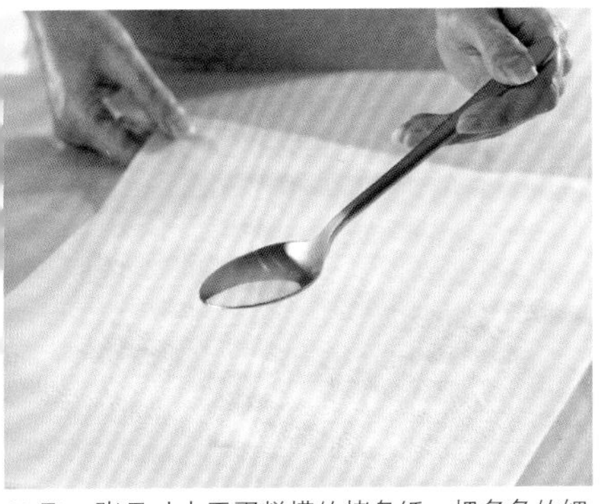

10 取一张尺寸大于蛋糕模的烤盘纸，把多备的细砂糖均匀地撒在烤盘纸上。

11 小心地把蛋糕倒扣出模，底朝上放置在烤盘纸上。

12 让蛋糕继续冷却5分钟后，小心地撕下烤盘纸。

13 如果用作夹心的果酱太稠厚，不好涂抹，可用小锅加热片刻，果酱的质地就会变得松软。

14 把果酱均匀地涂抹在蛋糕上，边边角角都要涂到。

15 用抹刀的刀背，把蛋糕较短的一边大约2厘米宽压下，使其稍扁。

16 从压下的一端开始卷起蛋糕。用烤盘纸来辅助，手法类似卷起寿司，要轻重有度，准确整齐。

17 烤盘纸的使用可以让蛋卷紧致，并且帮助蛋卷定型。卷好后让蛋卷在烤盘纸中继续冷却定型几分钟。

18 食用时，取下烤盘纸，蛋卷接合处朝下，摆放在甜点盘中，把多备的细砂糖撒在表面即可。

保存心得：可放入密闭容器，在阴凉处存放2天。

瑞士蛋卷的花样翻新

开心果橘香蛋卷

开心果和橙花水的使用，给传统蛋卷增加了现代的摩登口感和一丝神秘的东方风情。这款蛋糕的分量可根据需要调整，就算新手，用来应付人数较多的聚餐也可得心应手。

食用人数：8人　准备时间：20分钟　烘烤时间：12~15分钟　冷冻保存时间：无夹心的蛋糕可冷冻存放8周

所需工具：
33厘米×23厘米（13英寸×9英寸）的长方形瑞士蛋卷模

原料：
3个大鸡蛋
100克细砂糖，多备少许，装点用
1小撮盐
75克自发粉
2个新鲜橙子，皮擦细末，3汤匙橙汁
2汤匙橙花水（可选）
200毫升浓奶油
75克原味开心果，切碎
糖粉，装点用

做法详解：

1 预热烤箱至200℃/燃气6。烤模底部铺好烤盘纸。用敞口锅煮开半锅水，保持微微沸腾。选一个玻璃盆，底部比锅口略大，放在锅上。锅中水不可和玻璃盆底部接触。细砂糖、盐和鸡蛋一起放入玻璃盆中，用电动搅拌器击打约5分钟，此时混合物质地细腻稠厚。

2 把玻璃盆从热水锅上取下。继续击打1~2分钟，加速冷却。自发粉过筛加入鸡蛋混合物中，随之加入一半的橙皮末、1汤匙橙汁，动作轻快地混匀即成蛋糕糊。蛋糕糊倒入烤模中，用抹刀摊开、抹平。入烤箱烤制12~15分钟，手指按压有弹性时，蛋糕就烤好了。

3 取一张尺寸大于蛋糕模的烤盘纸，把多备的细砂糖均匀地撒在烤盘纸上。小心地把蛋糕倒扣出模，底朝上放置在烤盘纸上。让蛋糕继续冷却5分钟后，小心地撕下烤盘纸。把橙花水洒在蛋糕上。

4 用抹刀的刀背，把蛋糕较短的一边大约2厘米宽压下，使其稍扁。从这个压扁的一端开始卷起蛋糕。用烤盘纸来辅助，手法类似卷起寿司，要轻重有度，准确整齐。

5 搅打奶油，掺入开心果碎和余下的橙皮末、橙汁，做成夹心馅料。把卷起的蛋糕松开，夹心馅料均匀地涂抹上。再次把蛋糕卷起，蛋卷接合处朝下，摆放在甜点盘中，把多备的糖粉撒在表面即可享用。

同样方法可以制作……
柠檬蛋卷：用柠檬皮末代替橙皮末，柠檬汁代替橙汁，用300克柠檬果酱或者柠檬奶冻代替奶油即可。

烘焙大师的小点子：
如果做法中要求蛋糕完全放凉后才可以卷，注意，这里的意思是要在蛋糕还温热时，就卷起呈蛋卷状放置，然后静置凉透。需要涂上夹心的时候再松开。使用烤盘纸协助卷蛋卷，可帮助把蛋卷卷得整齐、紧实，更可以防止蛋卷彼此粘连，这样松开添加夹心的时候可轻松操作。

西班牙海绵蛋卷

繁复的西班牙甜点风格让瑞士蛋卷大变脸。滑腻的夹心中，巧克力和朗姆酒的双重芳香让人难以忘怀，切片后颜色对比分明、相当惊艳。就算作为正式晚宴后的甜点也可轻松胜任。

食用人数：8~10人　准备时间：40~45分钟　烘烤时间：7~9分钟　冷冻保存时间：无夹心的蛋糕可冷冻存放8周

冷藏定型时间：
6小时

原料：
黄油少许，涂油层用
150克细砂糖
5个鸡蛋，蛋白蛋黄分离
2个新鲜柠檬，皮擦细末
45克普通面粉，过筛
1小撮盐
125克黑巧克力，切小块
175毫升浓奶油
1.5茶匙肉桂粉
1.5茶匙朗姆酒
60克糖粉
少许柠檬蜜饯，切薄片，装点用

做法详解：

1 预热烤箱至220℃/燃气7。烤模内部涂油层，底部铺好烤盘纸。100克细砂糖、蛋黄和柠檬皮末一起放入玻璃盆中，用电动搅拌器击打3~5分钟，到混合物质地细腻稠厚。另取一盆击打蛋白，到蛋白起硬、成型时，加入余下的细砂糖，继续击打直到糖溶化，混合物有光泽。把盐撒入蛋黄混合物中，随之加入过筛了的面粉，搅动几下后把蛋白混合物加入，动作轻快地搅匀，即成蛋糕糊。

2 蛋糕糊倒入烤模中或烤盘上，用抹刀摊开、抹平，注意不要忽视边角。入烤箱烤制7~9分钟，手指按压有弹性、表面金黄时，蛋糕就烤好了。

3 取一张尺寸大于蛋糕模的烤盘纸，把多备的细砂糖均匀地撒在烤盘纸上。小心地把蛋糕倒扣出模，底朝上放置在烤盘纸上。让蛋糕继续冷却5分钟后，小心地撕下烤盘纸。用抹刀的刀背，把蛋糕较短的一边大约2厘米宽压下，使其稍扁。从这个压扁的一端开始卷起蛋糕。用烤盘纸来辅助，手法类似卷起寿司，要轻重有度，准确整齐。

4 制作巧克力奶油夹心。巧克力放入大碗中。奶油和半茶匙的肉桂粉在小锅中加热，即将沸腾的时候离火。迅速倒入巧克力中，不停搅动直到巧克力完全熔化。加入朗姆酒，一旁静置冷却。凉透之后，用电动搅拌器击打5~10分钟，至混合物浓稠又膨松即可。

5 取一张烤盘纸，把一半的糖粉和余下的1茶匙肉桂粉一起过筛到烤盘纸上。卷起的蛋糕松开摊平在烤盘纸（糖粉和肉桂粉）上，把夹心料均匀地抹在蛋糕上，再次小心地用烤盘纸辅助，把蛋糕卷起成夹心蛋卷，用烤盘纸包紧，入冰箱冷藏定型6小时。取出后拿掉烤盘纸，把两端修整齐。蛋卷接合处朝下，摆放在甜点盘中，把余下的糖粉、柠檬蜜饯先后撒在蛋卷表面，即可享用。

姜味蛋糕

这款蛋糕以浓浓的腌姜香味而著名，质地柔润，几无甜腻。它的保存期可达1周——问题是，这么好吃的蛋糕怎么可能有机会存放1周？

食用人数：12人　准备时间：20分钟　烘烤时间：35~45分钟　冷冻保存时间：8周

所需工具：
边长18厘米（7英寸）的正方形蛋糕模

原料：
110克无盐黄油，室温软化，多备少许，涂油层用
225克金色糖浆
110克绵黑糖
200毫升牛奶
4汤匙腌姜罐头汁水
1个橘子，皮擦细末
225克自发粉
1茶匙小苏打
1茶匙混合香料
1茶匙肉桂粉
2茶匙姜粉
4块腌姜，擦细末，用1汤匙面粉拌匀
1个鸡蛋，略打散

做法详解：

1 预热烤箱至170℃ / 燃气3.5，取少许黄油涂抹在蛋糕模内壁，底部铺好烤盘纸。

2 小锅中放入黄油、糖浆、糖、牛奶、腌姜水，小火加热，搅动，到黄油熔化离火。加入橘皮末，静置冷却5分钟。

3 自发粉、小苏打和混合香料、肉桂粉、姜粉一起过筛到大盆中，把小锅中的稀料倒入其中，接着把鸡蛋液和腌姜末一并加入，用筷子或者搅棒充分搅拌成蛋糕糊。

4 蛋糕糊倒入蛋糕模中，表面用抹刀抹平。入烤箱烤制35~45分钟。手指按压有弹性时，用扦子插入蛋糕内部，取出后如果表面光洁，就说明蛋糕烤好了。从烤箱中取出蛋糕模，自然冷却停留至少60分钟后方可出模，倒扣于烤网上，揭下烤盘纸即可享用。

保存心得：这款蛋糕口感非常润泽，可放入密闭容器，在阴凉处存放1周。

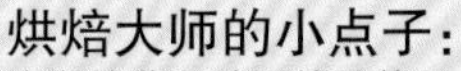

烘焙大师的小点子：
金色糖浆和绵黑糖的使用，是特意为了让这款蛋糕的成品颜色偏深、口感紧致而和润。放置几天后的蛋糕会有些发干，可切片抹上黄油当早餐食用，甚至可再加工成口味浓厚的黄油面包布丁。

胡萝卜蛋糕

如果把糖霜量加倍，一半做夹心，一半用来装饰蛋糕，就可使这款家常蛋糕跻身豪华蛋糕之列。

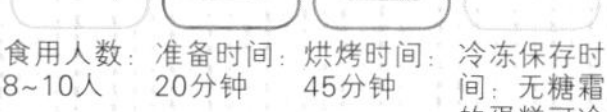

食用人数：8~10人　准备时间：20分钟　烘烤时间：45分钟　冷冻保存时间：无糖霜的蛋糕可冷冻保存8周

所需工具：
直径23厘米（9英寸）的圆形活底蛋糕模

原料：
100克核桃仁
225毫升葵花籽油，多备少许，涂油层用
3个大鸡蛋
225克浅绵棕糖
1茶匙香草精
200克胡萝卜，擦细末
100克葡萄干
200克自发粉
75克全麦自发粉
1小撮盐
1茶匙肉桂粉
1茶匙姜粉
1/4茶匙肉豆蔻粉
1个橘子，皮擦细末

糖霜用料：
50克无盐黄油，室温软化
100克奶油奶酪，室温放置
200克糖粉
1/2茶匙香草精
2个橘子

1 预热烤箱至180℃ / 燃气4。把核桃仁平铺在烤盘中烤5分钟，变色即可。

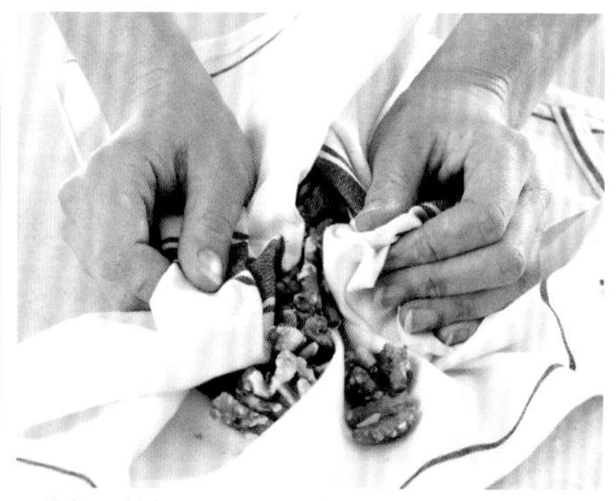

2 烤好的核桃仁用干净的餐巾包起来轻轻揉搓，去掉表皮后，静置放凉。

3 油、鸡蛋、糖、香草精一起放入盆中。

4 用电动搅拌器击打，直到混合物成颜色均匀、质地稠厚而细腻的糊状物。

5 把胡萝卜末用干净的包布包起来，攥出水分。

6 胡萝卜末加入盆中，完全搅匀。

7 把核桃仁大致切碎，有意留出一些较大的块以丰富成品口感。

8 碎核桃仁和葡萄干一起掺入盆中。

9 两种自发粉混合，一起过筛加入盆中。注意，筛出来的麦麸也要随后加入。

10 最后把盐、肉桂粉、姜粉、肉豆蔻粉、橘皮末全部放入盆中，搅拌均匀成蛋糕糊。

11 蛋糕模内涂油层，底部铺好烤盘纸。把蛋糕糊倒入，用抹刀摊开到每一个角落并抹平表面。

12 入烤箱烤制45分钟。用扦子插入蛋糕内部，取出后如果表面光洁，就说明蛋糕烤好了。

13 小心地把蛋糕出模，放置在烤网上冷却。

14 制作糖霜。黄油、奶油奶酪、糖粉、香草精一起混合，并擦入一个橘子的橘皮末。

15 用电动搅拌器击打混合物，到质地光滑、颜色发白、形状发飘即可。

16 把糖霜均匀地用抹刀抹在蛋糕顶部。可随心做出纹理。

17 余下一个橘子的橘皮刮成细条状。

18 把橘皮细条按图示或随心布置在糖霜上，蛋糕就大功告成了。
保存心得：可用真空保鲜袋装起来，在阴凉处存放3天。

胡萝卜蛋糕的花样翻新

西葫芦蛋糕

绿色蔬菜蛋糕？这可是个有趣的组合，也是很多人的最爱哦。

食用人数：8~10人
准备时间：20分钟
烘烤时间：45分钟
冷冻保存时间：8周

所需工具：
直径23厘米（9英寸）的圆形活底蛋糕模

原料：
225毫升葵花籽油，多备少许，涂油层用
100克榛子仁
3个大鸡蛋
1茶匙香草精
225克细砂糖
200克西葫芦，擦细末
200克自发粉
75克全麦自发粉
1小撮盐
1茶匙肉桂粉
1个柠檬，皮擦细末

做法详解：

1 预热烤箱至180℃／燃气4。蛋糕模内涂油层，底部铺好烤盘纸。把榛子仁平铺在烤盘中，烤5分钟，变色即可。烤好的榛子用干净的餐巾包起来轻轻揉搓，去掉表皮，大致切碎，一旁静置放凉。

2 油、鸡蛋、糖、香草精一起放入盆中，用电动搅拌器击打，直到成颜色均匀、质地稠厚而细腻的糊状物。西葫芦末用干净的布包起来，攥出水分后加入盆中，完全搅匀。把榛子碎掺入。两种自发粉混合，一起过筛加入盆中。注意，筛出来的麦麸也要随后加入。最后把盐、肉桂粉、柠檬皮末全部放入盆中，搅拌均匀成蛋糕糊。

3 蛋糕糊倒入准备好的烤模中，用抹刀摊开到每一个角落并抹平表面。入烤箱烤制45分钟。手指按压有弹性时，用扦子插入蛋糕内部，取出后如果表面光洁，就说明蛋糕烤好了。

保存心得：可放入密闭容器，在阴凉处存放3天。

烘焙大师的小点子：
别被西葫芦这个很少使用的蛋糕原料吓住，和胡萝卜相比，西葫芦甜味不足，不过胜在多汁带来的润泽和新奇口感。不加糖霜更健康！

快捷版胡萝卜蛋糕

胡萝卜蛋糕是初学烘焙者的最好试验品，因为做此蛋糕既不需要长时间地击打，也不要求有技巧地搅拌。这个蛋糕制作快捷，口感却不输给那些制作繁复的蛋糕哦。

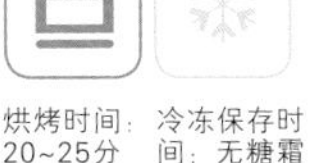

食用人数：8人
准备时间：15分钟
烘烤时间：20~25分钟
冷冻保存时间：无糖霜的蛋糕可冷冻保存8周

所需工具：
直径20厘米（8英寸）的圆形活底蛋糕模

原料：
75克无盐黄油，熔化后放凉，多备少许，涂油层用
75克全麦自发粉
1茶匙混合香料
1/2茶匙姜粉
1/2茶匙泡打粉
2根胡萝卜，擦细末
75克浅绵棕糖
50克葡萄干
2个鸡蛋，打散
3汤匙鲜榨橙汁

糖霜用料：
150克奶油奶酪，室温放置
1汤匙糖粉
少许柠檬皮细条，装点用

做法详解：

1 预热烤箱至190℃ / 燃气5。蛋糕模内涂油层，底部铺好烤盘纸。

2 自发粉、混合香料、姜粉、泡打粉一起混合、过筛到盆中。注意筛出来的麦麸也要加入。胡萝卜末攥出水分后和葡萄干、糖一起加入盆中。搅匀后，把鸡蛋、1汤匙橙汁、黄油液加入，搅拌均匀即成蛋糕糊。

3 把蛋糕糊倒入蛋糕模中，用抹刀摊开到每一个角落并抹平表面。入烤箱烤制20~25分钟，用扦子插入蛋糕内部，取出后如果表面光洁，就说明蛋糕烤好了。取出后，蛋糕需要停留在烤模中冷却大约10分钟。

4 用餐刀贴着烤模内壁滑动一圈，使蛋糕松动，再小心地把蛋糕出模，倒扣在烤网上。撕去烤盘纸，静置凉透。食用前用锯齿状面包刀横向剖开。

5 制作糖霜。奶油奶酪和糖粉、余下的橙汁一起击打均匀，一半抹到蛋糕中间作为夹心，另一半抹到顶部作为蛋糕的装饰。最后撒上柠檬皮细条来装饰。

保存心得：可放入密闭容器，在阴凉处存放3天。

浓香胡萝卜蛋糕

这是很适合寒冷冬日的一款蛋糕，口味浓郁，温暖贴心。采用方形蛋糕模，便于把蛋糕切成小方块食用，非常适合做聚会点心（参见后页图片）。

成品数量：16个小方块蛋糕
准备时间：20分钟
烘烤时间：30分钟
冷冻保存时间：无糖霜的蛋糕可冷冻保存8周

所需工具：
边长20厘米（8英寸）的方形蛋糕模

原料：
175克自发粉
1茶匙肉桂粉
1茶匙混合香料
1/2茶匙小苏打
100克绵棕糖
150毫升葵花籽油
2个大鸡蛋
75克金色糖浆
125克胡萝卜，擦细末
1个橘子，皮擦细末

糖霜用料：
75克糖粉
100克奶油奶酪，室温放置
1~2汤匙橙汁
1个橘子，皮刮成细条，多备少许，装饰用

做法详解：

1 预热烤箱至180℃ / 燃气4。蛋糕模内涂油层，底部铺好烤盘纸。小盆中放入自发粉、肉桂粉、混合香料、小苏打、糖，一起混匀。

2 另取一个盆，把鸡蛋、油、糖浆混匀，倒入干料盆中，加入脱水后的胡萝卜末和橘子皮末，搅拌均匀即成蛋糕糊。蛋糕糊倒入蛋糕模中，用抹刀摊开到每一个角落并抹平表面。

3 入烤箱烤制30分钟，手指按压坚实时，即可取出。蛋糕需要先停留在烤模中冷却几分钟，再小心地倒扣出模，放在烤网上，撕去烤盘纸，静置凉透。

4 制作糖霜。奶油奶酪和过筛后的糖粉，加上橙汁一起用电动搅拌器击打均匀，质地松软时抹到蛋糕的上部作为装饰。可撒上橘子皮细条来装饰，食用时切成16等份的小方块即可。

保存心得：可放入密闭容器，在阴凉处存放3天。

柠檬玉米面蛋糕

这是为数不多的不使用小麦面粉的蛋糕配方，尤其适合对麸质敏感者。绝对值得每一个烘焙爱好者去尝试！

食用人数：6~8人 准备时间：30分钟 烘烤时间：50~60分钟 冷冻保存时间：8周

所需工具：

直径23厘米（9英寸）的圆形活底蛋糕模

原料：

175克无盐黄油，室温软化，多备少许，涂油层用

200克细砂糖

3个大鸡蛋，打散

75克玉米粉或燕麦粉

175克杏仁粉

2个柠檬，皮刮成细条，汁榨出待用

1茶匙无麸质泡打粉

浓奶油或者法式酸奶油，就食用

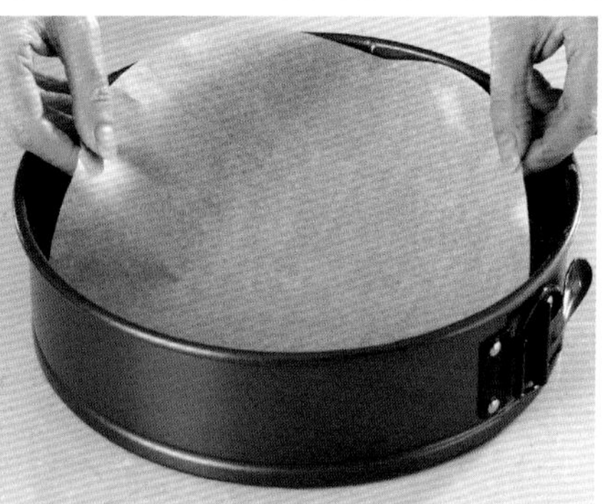

1 预热烤箱至160℃ / 燃气3。蛋糕模内涂油层，底部铺好烤盘纸。

2 用电动搅拌器击打黄油和175克的糖，直到滑腻松软。

3 继续击打，同时逐渐把打散的鸡蛋液加入。全部加入后继续击打几分钟，完全混匀。

4 把玉米粉和杏仁粉一起加入混合物中，用金属勺搅成颜色均匀、质地稠厚而细腻的糊状物。

5 最后加入大部分的柠檬皮细条和泡打粉，此时的混合物和其他蛋糕糊相比，偏干、偏硬。

6 混合物移入蛋糕模中，用抹刀摊开到每一个角落并抹平表面。

7 入烤箱烤制50~60分钟。注意这款蛋糕烤制后体积变化不大。

8 手指按压有弹性时，用扦子插入蛋糕内部，取出后如果表面光洁，就说明蛋糕烤好了。

9 把蛋糕留在模中几分钟。

10 余下的糖和柠檬汁一起放入小锅中。

11 中火加热小锅，直到糖完全溶化。离火。

12 蛋糕出模，放在烤网上。

13 趁蛋糕还温热，用牙签在蛋糕上扎出一些小洞。

14 把小锅中的热柠檬糖水用小勺舀到蛋糕上，要分布均匀。

15 注意每一勺柠檬糖水都被蛋糕完全吸收后才能浇下一勺。耐心操作，把糖水全部用完。

16 把留出的柠檬皮细条撒在蛋糕上做装饰。这款蛋糕最适合室温食用。可单吃，也可就食浓奶油或者法式酸奶油。**保存心得**：可放入密闭容器，在阴凉处存放3天。

坚果巧克力蛋糕

蛋糕甜点中，巧克力和杏仁的搭配最为多见。这个无麸质蛋糕中，采用了巴西坚果而不是杏仁，滋味又特别又浓郁，质地也格外温润适口。

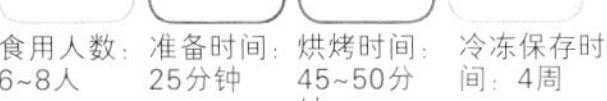

食用人数：6~8人　准备时间：25分钟　烘烤时间：45~50分钟　冷冻保存时间：4周

所需工具：
直径20厘米（8英寸）的圆形活底蛋糕模，食物料理机

原料：
75克无盐黄油，切成小丁，多备少许，涂油层用
100克优质黑巧克力，切碎
150克巴西坚果
125克细砂糖
4个大鸡蛋，蛋黄、蛋白分离
可可粉或者糖粉，就食用
浓奶油，就食用（可选）

做法详解：

1 预热烤箱至180℃／燃气4。蛋糕模内涂油层，底部铺好烤盘纸。巧克力放入玻璃碗，锅中加水大火烧开后改小火，玻璃碗置于其中，搅动巧克力直到完全熔化。离火后一旁静置放凉。

2 用食物料理机（或食物搅拌器）把细砂糖和巴西坚果一起打碎成粉末。换用搅拌功能，分批把黄油丁加入，加完后继续搅拌，把蛋黄逐个加入。注意前一个蛋黄完全混匀后再加入下一个。最后把熔化放凉的巧克力液加入，混合物成质地一致、稠厚而细腻的糊状物时，停止搅拌，倒入盆中。

3 另取一个碗击打蛋白，起硬成型后，先舀几茶匙掺入巧克力混合物中，让其质地松软些，然后再用大金属勺把蛋白全部掺入成蛋糕糊，动作轻快为宜。

4 蛋糕糊倒入准备好的烤模中，用抹刀摊开到每一个角落并抹平表面。入烤箱烤制45~50分钟。蛋糕留在烤模中几分钟后出模，在烤网上冷却。撕下烤盘纸，把可可粉或者糖粉过筛撒在蛋糕上，即可食用。如果喜欢，抹上一层奶油。

保存心得：可放入密闭容器，在阴凉处存放3天。

烘焙大师的小点子：
步骤2中，把黄油丁放入食物料理机中（加入坚果粉和糖粉中），要注意控制操作时间，快速操作。如果时间较长，坚果中的天然油脂会被释放，蛋糕成品就会油腻。

玛格丽特“饼”蛋糕

这款轻盈的柠檬香蛋糕采用了意大利的传统做法，使用了土豆粉。

食用人数：6~8人　准备时间：20分钟　烘烤时间：25~30分钟　冷冻保存时间：8周

所需工具：
直径20厘米（8英寸）的圆形活底蛋糕模

原料：
25克无盐黄油，切成小丁，多备少许，涂油层用
2个大鸡蛋，另加1个蛋黄
100克细砂糖
1/2茶匙香草精
100克土豆粉，过筛
1/2茶匙无麸质泡打粉
1/2个柠檬，皮擦细末
糖粉，装点用

做法详解：

1 黄油加热熔化，静置放凉。预热烤箱至180℃／燃气4。蛋糕模内涂油层，底部铺好烤盘纸。

2 取一个大碗，鸡蛋、蛋黄、香草精、糖一起放入，击打5分钟。到混合物稠厚细腻，颜色发白，体积膨胀到原来的至少2倍即可。把土豆粉、泡打粉、柠檬皮末轻快掺入，最后掺入熔化了的黄油。混合均匀成蛋糕糊。

3 蛋糕糊倒入准备好的烤模中，用抹刀摊开到每一个角落并抹平表面。入烤箱烤制25~30分钟。到蛋糕表面升起、色泽金黄时，用扦子插入蛋糕内部，取出后如果表面光洁，就说明蛋糕烤好了。

4 蛋糕留在烤模中10分钟后出模，在烤网上凉透。撕下烤盘纸，撒上糖粉，即可享用。

保存心得：可放入密闭容器，在阴凉处存放2天。

意式栗子蛋糕

栗子粉为主料的这款蛋糕质地紧致，口感湿润。

食用人数：6~8人　准备时间：25分钟　烘烤时间：50~60分钟

所需工具：
直径20厘米（8英寸）的圆形活底蛋糕模

原料：
1汤匙橄榄油，多备少许，涂油层用
50克葡萄干
25克杏仁片
30克松子
300克栗子粉
25克细砂糖
1小撮盐
400毫升牛奶或水
1汤匙细细切碎的迷迭香叶子
1个橘子，皮刮成细条

做法详解：

1 预热烤箱至180℃／燃气4。蛋糕模内涂油层，底部铺好烤盘纸。把葡萄干用温水浸泡5分钟，使其胀大，沥出待用。

2 松子和杏仁片一起用烤箱烤5~10分钟，变色即可。栗子粉过筛到盆中，加入糖和盐。

3 使用圆头手动打蛋器，逐渐把栗子粉混合物添加到牛奶或水中，做成质地均匀细腻的糊。继续击打加入橄榄油，即成蛋糕糊。蛋糕糊倒入准备好的烤模中，用抹刀摊开到每一个角落并抹平表面。把迷迭香、葡萄干、橘皮细条、烤制过的杏仁片和松子均匀地撒在表面。

4 放入烤箱中部，烤制50~60分钟。注意到表面干爽、颜色变金棕色时，蛋糕就烤好了。注意这款蛋糕烤制后体积不会有明显变化。蛋糕留在烤模中10分钟后出模，在烤网上凉透。撕下烤盘纸，即可享用。

保存心得：可放入密闭容器，在阴凉处存放3天。
小提示：栗子粉是意大利食品店的必备。也可以从网店购买。

经典巧克力蛋糕

这款经典巧克力蛋糕，别出心裁地添加了酸奶。酸奶适度抵消了巧克力的厚重，更适应现代人口味。

食用人数：6~8人

准备时间：30分钟

烘烤时间：20~25分钟

冷冻保存时间：无夹心的蛋糕可冷冻存放8周

所需工具：

2个直径17厘米（6.75英寸）的圆形活底蛋糕模

原料：

175克无盐黄油，室温软化，多备少许，涂油层用

175克绵棕糖

3个大鸡蛋

125克自发粉

50克可可粉

1茶匙泡打粉

2汤匙原味特浓酸奶

夹心料：

50克无盐黄油，室温软化

75克糖粉，过筛，多备少许，装点用

25克可可粉

一点牛奶，备用

1 预热烤箱至180℃ / 燃气4。蛋糕模内涂油层，底部铺好烤盘纸。

2 黄油切丁，和糖一起放入盆中。

3 用电动搅拌器击打黄油和糖，直到滑腻松软，色泽均匀。

4 逐个加入鸡蛋，每个鸡蛋加入都要击打均匀，再加入下一个。

5 另取一个大碗，把自发粉、可可粉、泡打粉一起过筛加入其中。

6 把大碗中的干料加入鸡蛋黄油混合物中，用金属勺掺和均匀，动作尽量轻、快，这样是为了尽量保留混合物中的空气。

7 加入原味特浓酸奶，搅匀即成蛋糕糊。酸奶让蛋糕的口感柔软湿润。

8 把蛋糕糊平均分配到两个蛋糕模中。用抹刀摊开到每一个角落并抹平表面。

9 入烤箱烤制20~25分钟。蛋糕明显膨胀、手指按压有弹性时取出。

10 用扦子插入蛋糕内部，取出后如果表面光洁，就说明蛋糕烤好了。否则就需要放回烤箱继续烤几分钟。

11 烤好的蛋糕留在模中停留几分钟后再出模，放在烤网上，撕下烤盘纸。

12 制作夹心。把黄油、糖粉、可可粉一起放在盆中。

13 用电动搅拌器击打混合物到混合均匀，质地细腻。

14 如果混合物的质地太稠厚，可以添加适量牛奶，每次1茶匙，直到混合物的稠厚度适合涂抹。

15 把做好的夹心涂抹在其中一块蛋糕上，把另一块蛋糕放置其上。

16 蛋糕移至甜点盘中，撒上糖粉即可享用。
保存心得：可放入密闭容器，在阴凉处存放2天。

巧克力蛋糕的花样翻新

三层巧克力夹心蛋糕

细腻松软的蛋糕，加上香草味的奶油夹心，已经是美味了。流淌而下的巧克力糖浆和巧克力薄片装饰，更令蛋糕的品相一流，让人口水欲滴。

食用人数：12人　准备时间：15分钟　烘烤时间：30~35分钟

所需工具：
3个直径20厘米（8英寸）的圆形蛋糕模

原料：
300克自发粉
4汤匙可可粉
1.5茶匙小苏打
300克无盐黄油，室温软化，多备2汤匙，涂油层用
300克金色细砂糖，多备1汤匙
5个大鸡蛋
1茶匙香草精，多备少许
4汤匙牛奶
175克普通巧克力
450毫升浓奶油

做法详解：

1 预热烤箱至180℃ / 燃气4。蛋糕模内涂油层，底部铺好烤盘纸。自发粉、可可粉和小苏打一起过筛到盆中。另取一个盆，用电动搅拌器击打黄油和糖，直到混合物颜色发白、质地膨松。

2 把干料即面粉混合物加入黄油盆中，同时放入鸡蛋、香草精、牛奶，用电动搅拌器击打约1分钟，到混合物颜色一致，膨松轻盈即成蛋糕糊。蛋糕糊均分3份，倒入准备好的烤模中，用抹刀摊开到每一个角落并抹平表面。放入烤箱烤制30~35分钟。取出后，停留在烤模中冷却5分钟后再出模，放在烤网上凉透。撕去烤盘纸。

3 取50克普通巧克力，用蔬果削皮刀削成薄片，静置阴凉处待用。

4 取150毫升浓奶油，放入耐热碗，余下的巧克力切碎加入其中。敞口锅加水，把耐热碗放置其中，锅上火烧开后保持微微沸腾，搅动碗中的巧克力，直到完全熔化、形成滑腻光亮的巧克力奶油浆。离火后搅入2汤匙的黄油，做成糖霜，放在一旁静置冷却。

5 做夹心。余下的浓奶油放入盆中，加入1汤匙糖、几滴香草精，用电动搅拌器击打，混合物膨松柔软时，均分2份，抹入两块蛋糕中作为夹心，组合成三层夹心蛋糕。把冷却后的糖霜用汤匙舀起，浇在蛋糕顶上，让浓浆自然向周围流淌。最后把巧克力薄片随意撒在蛋糕上，即可享用。

翻糖巧克力蛋糕

这个蛋糕堪称巧克力狂人的必选。它简单易做，成功率高，一定会成为你的“保留节目”。

食用人数：8~12人　准备时间：20分钟　烘烤时间：35~40分钟　冷冻保存时间：无糖霜的蛋糕可冷冻保存8周

所需工具：
2个直径20厘米（8英寸）的圆形蛋糕模

原料：
225克无盐黄油，室温软化，多备少许，涂油层用
200克自发粉
25克可可粉
4个大鸡蛋
225克细砂糖
1茶匙香草精
1茶匙泡打粉

糖霜料：
45克可可粉
150克糖粉
45克无盐黄油，熔化
3汤匙牛奶，多备少许，备用

做法详解：

1 预热烤箱至180℃ / 燃气4。蛋糕模内涂油层，底部铺好烤盘纸。自发粉、可可粉一起过筛到盆中，放入其余所有的蛋糕料，即软化的黄油、鸡蛋、香草精、泡打粉、糖，用电动搅拌器击打几分钟，到混合物颜色一致、质地均匀即成蛋糕糊。如果感觉过于稠厚，可加入2汤匙温水并搀匀。把蛋糕糊均分2份，倒入准备好的烤模中，用抹刀摊开到每一个角落并抹平表面。

2 放入烤箱烤制35~40分钟。表面鼓起、手指按压坚实即可取出。把蛋糕留在烤模中冷却几分钟后再出模，放在烤网上凉透。撕去烤盘纸。

3 制作糖霜。可可粉和糖粉过筛到盆中，加入黄油和3汤匙牛奶，用电动搅拌器击打直到均匀、光滑。如果感觉过于稠厚、不便涂抹，可多加入一些牛奶，使质地松软些。把糖霜抹在两块蛋糕顶部，然后把2块蛋糕叠放起来即可。

保存心得： 可放入密闭容器，在阴凉处存放2天。

梨香巧克力蛋糕

想制作卓尔不群的蛋糕吗？这款香甜柔软的蛋糕不失为最佳选择。

食用人数：6~8人　准备时间：15分钟　烘烤时间：30分钟

所需工具：
直径20厘米（8英寸）的圆形蛋糕模

原料：
125克无盐黄油，室温软化，多备少许，涂油层用
175克金色细砂糖
4个大鸡蛋，略微打散
250克全麦自发粉，过筛
50克可可粉，过筛
50克优质黑巧克力，切碎
2个梨，削皮、去核、切小块
150毫升牛奶
糖粉，装点用

做法详解：

1 预热烤箱至180℃／燃气4。蛋糕模内涂油层，底部铺好烤盘纸。

2 取一个盆，放入黄油和糖，用电动搅拌器击打，直到混合物颜色发白、质地膨松。把鸡蛋逐个击打加入，每个鸡蛋加入后都要等混合均匀后再加入下一个。接着，分批把自发粉加入，同理，混匀后再加入下一批。再依次加入可可粉、巧克力碎、梨块，最后加入牛奶，搅匀后成蛋糕糊。

3 把蛋糕糊倒入准备好的烤模中，用抹刀摊开到每一个角落并抹平表面。放入烤箱烤制30分钟。表面鼓起、手指按压有弹性时即可取出。把蛋糕留在烤模中冷却5分钟后再出模，放在烤网上凉透。撕去烤盘纸。食用前把糖粉撒到表面即可。

保存心得：可放入密闭容器，在阴凉处存放2天。

魔鬼蛋糕

这款经典的美国魔鬼蛋糕中添加了咖啡，突出了巧克力蛋糕的香味。

食用人数：8~12人
准备时间：30分钟
烘烤时间：30~35分钟
冷冻保存时间：无夹心的蛋糕可冷冻保存8周

所需工具：
2个直径20厘米（8英寸）的圆形蛋糕模

原料：
100克无盐黄油，室温软化，多备少许，涂油层用
275克细砂糖
2个大鸡蛋
200克自发粉
75克可可粉
1茶匙泡打粉
1汤匙速溶咖啡粉，用125毫升开水冲调、放凉
125毫升牛奶
1茶匙香草精

糖霜及装饰：
125克无盐黄油，切丁
25克可可粉
125克糖粉
2~3汤匙牛奶
黑巧克力，用蔬果削皮刀削成小卷

做法详解：

1 预热烤箱至180℃／燃气4。蛋糕模内涂油层，底部铺好烤盘纸。取一个盆，用电动搅拌器击打黄油和糖，直到混合物颜色发白、质地膨松。

2 把鸡蛋逐个击打加入，每个鸡蛋加入后都要等混合均匀后再加入下一个。另取两个盆，一个盆过筛放入干料：自发粉、可可粉和泡打粉；一个盆把凉咖啡、香草精、牛奶等湿料一起混匀。

3 用电动搅拌器一边击打黄油混合物，同时1勺湿料、1勺干料交叉着逐渐添入黄油混合物中，混合均匀后成蛋糕糊。蛋糕糊均分2份，倒入准备好的烤模中，用抹刀摊开到每一个角落并抹平表面。

4 放入烤箱烤制30~35分钟。表面鼓起、手指按压有弹性时，用扦子插入蛋糕内部，拔出洁净即可把蛋糕取出烤箱。蛋糕留在烤模中冷却几分钟后再出模，放在烤网上凉透。撕去烤盘纸。

5 制作糖霜。黄油用小锅微火加热，完全熔化后，加入可可粉，继续加热1~2分钟，搅动均匀后离火，静置微凉。

6 把糖粉加入黄油锅中，不断击打让糖粉完全和黄油融合，同时把牛奶逐匙加入，质地和颜色均匀即可，混合物在冷却的过程中会变稠到适合涂抹。取一半糖霜抹在一块蛋糕上做夹心，另一块放置其上；再把另一半的糖霜涂抹在蛋糕的顶部和周围。最后，把黑巧克力小卷撒放在蛋糕顶部，即可享用。

保存心得：可放入密闭容器，在阴凉处存放5天。

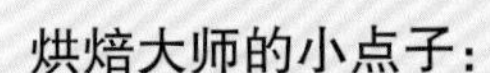

烘焙大师的小点子：

即使你不喜欢咖啡、咖啡蛋糕，也不要轻易地把原料中的咖啡略去。它让蛋糕的颜色更厚重，口感更有层次。况且成品中的咖啡味很淡，若有若无，绝对不会喧宾夺主，抢去巧克力的风头。

特浓巧克力翻糖蛋糕

巧克力翻糖是巧克力蛋糕的经典无敌搭配。玩烘焙的，总要有一款巧克力蛋糕来为你赢得赞美，收了这个美味又健康的配方吧，你不会失望的。

   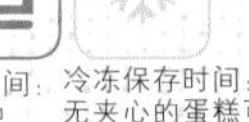

食用人数：6~8人
准备时间：40分钟
烘烤时间：30分钟
冷冻保存时间：无夹心的蛋糕可冷冻保存8周

所需工具：
2个直径17厘米（6.75英寸）的圆形蛋糕模

原料：
150毫升葵花籽油，多备少许，涂油层用
175克自发粉
25克可可粉
1茶匙泡打粉
150克绵棕糖
3汤匙金色糖浆
2个鸡蛋
150毫升牛奶

糖霜：
125克无盐黄油
25克可可粉
125克糖粉
2汤匙牛奶，备用

做法详解：

1 预热烤箱至180℃／燃气4。蛋糕模内涂油层，底部铺好烤盘纸。大盆中把自发粉、可可粉和泡打粉一起过筛加入，混入糖成干料。

2 小锅微火加热金色糖浆，如水一般流动时离火冷却。另取一个盆，用电动搅拌器击打鸡蛋、油和牛奶，均匀后成湿料。

3 一边击打，一边把干料加入到湿料中，最后慢慢地把凉了的糖浆注入。所有原料混合均匀成蛋糕糊。

4 蛋糕糊均分2份，倒入准备好的烤模中，用抹刀摊开到每一个角落并抹平表面。放入烤箱中部烤制30分钟。用扦子插入蛋糕内部、拔出洁净即可取出烤箱。把蛋糕留在烤模中冷却几分钟后再出模，放在烤网上凉透。撕去烤盘纸。

5 制作糖霜。黄油用小锅微火加热，完全熔化后，加入可可粉，继续加热1~2分钟，搅动均匀后离火，加入糖粉后，静置放凉。

6 搅动小锅中的黄油混合物，如果质地太厚，不妨加入适量牛奶，直到浓稠度适合涂抹。糖霜就做好了。

7 取一半糖霜做夹心，抹在一块蛋糕上，另一块放置其上；再把另一半的糖霜涂抹在整个蛋糕的顶部，做出简单的漩涡状即可。

保存心得： 可放入密闭容器，在阴凉处存放3天。

烘焙大师的小点子：
这里的巧克力糖霜做法非常常见，适用于大多数巧克力蛋糕。如果糖霜变硬，可以在微波炉中加热30秒，它就会变回为香浓柔软的糖霜酱。这款巧克力蛋糕还适合和香草冰淇淋一起食用，是出得客厅、上得宴席的甜点。

烤箱巧克力慕斯

对于新手来说，这款慕斯也很容易制作，由于慕斯内部浸润黏稠，切时，要把刀子先在热水里浸一下，而且每切一刀之后要把刀擦干净。

食用人数：8~12人　准备时间：20分钟　烘烤时间：60分钟

所需工具：
直径23厘米（9英寸）的圆形活底蛋糕模

原料：
250克无盐黄油，切丁，多备少许，涂油层用
350克优质黑巧克力，切碎
250克绵棕糖
5个大鸡蛋，蛋黄、蛋白分离
1小撮盐
可可粉或糖粉，装点用
浓奶油，就食用（可选）

做法详解：

1 预热烤箱至180℃／燃气4。蛋糕模底部铺好烤盘纸。敞口锅加水，把巧克力和黄油放入玻璃碗，玻璃碗放置锅中，上火烧开后保持微微沸腾，搅动碗中的巧克力黄油，直到完全熔化、混成一体。

2 取出玻璃碗，稍微冷却后搅入糖，然后逐个搅入蛋黄。

3 蛋白和盐一起用电动搅拌器击打，直到混合物颜色发白、质地能够成型，接着用金属匙逐渐掺入蛋黄巧克力中，混合均匀成蛋糕糊。蛋糕糊倒入准备好的烤模中，用抹刀摊开到每一个角落并抹平表面。

4 放入烤箱烤制60分钟，直到周边和顶部凝结，但是用双手晃动蛋糕模，中央还有些起伏。把蛋糕留在烤模中完全冷却。食用时出模，撕去烤盘纸。撒上糖粉，如果喜欢，和浓奶油一起享用。

烘焙大师的小点子：
会有人非常喜欢浸润的蛋糕，他们甚至迷恋那种粘牙的感觉。这款蛋糕就充分满足了这个需求。注意在烤制的时候一定不可以“烤熟”，蛋糕糊表面刚刚凝固的程度最好，即用手指按压刚刚硬实，却毫无弹性。

德式苹果蛋糕

清香、家常、温暖的苹果蛋糕是德国家庭的保留烘焙项目。顶部的松脆碎末增添了不凡的口感和观感。

 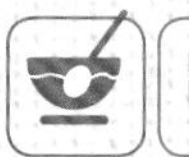 

食用人数：6~8人　准备时间：30分钟　烘烤时间：45~50分钟

冷藏定型时间：
30分钟

所需工具：
直径20厘米（8英寸）的圆形活底蛋糕模

原料：
175克无盐黄油，室温软化，多备少许，涂油层用
175克棕色砂糖
1个柠檬，皮擦细末
3个鸡蛋，略打散
175克自发粉
3汤匙牛奶
2个甜点苹果，削皮、去核、切成扇形薄片

顶部松脆末：
115克普通面粉
85克棕色砂糖
2茶匙肉桂粉
85克无盐黄油，切丁

1 制作顶部松脆末。面粉、糖和肉桂粉一起混合。

2 用手指把黄油丁揉进去，先做成粗粗的面包渣状，再揉成面团。

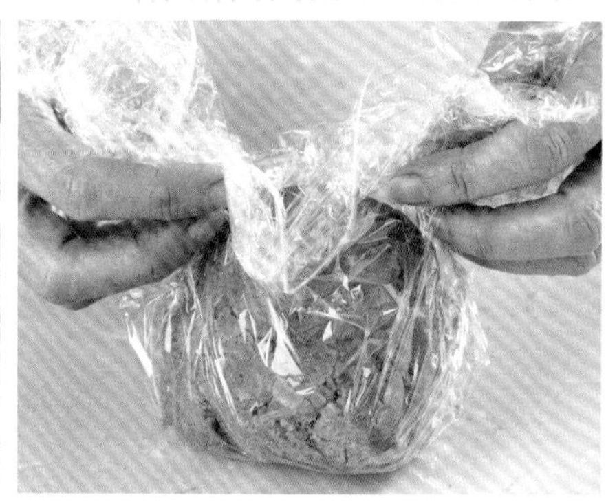

3 把面团用保鲜膜包起来，冰箱冷藏30分钟以定型。

4 预热烤箱至190℃ / 燃气5。蛋糕模内涂油层，底部铺好烤盘纸。

5 另取一个盆，放入黄油和糖，用电动搅拌器击打，直到滑腻松软，色泽均匀。

6 加入柠檬皮末，继续击打，到柠檬皮末完全混合。

7 逐渐加入鸡蛋液，要击打均匀后再添加。

8 把自发粉过筛加入其中，用金属勺搅拌均匀。

9 最后把牛奶慢慢加入，轻轻搅匀成面包糊。

10 把一半的蛋糕糊舀入蛋糕模中，用抹刀摊开到每一个角落并抹平表面。

11 选一半不太整齐的苹果薄片，如图所示平铺在蛋糕模中的蛋糕糊上。

12余下的一半蛋糕糊铺在苹果片上，用抹刀抹平表面。

13 再把余下一半比较整齐的苹果片铺在第二层蛋糕糊上。尽量布置整齐美观。

14 把步骤3做好并冷藏好的面团取出，用擦子擦成碎末。

15 把擦出的碎末均匀地撒在苹果片之上，把苹果完全盖住。

16 放入烤箱中部，烤制45~50分钟。用扦子插入蛋糕内部。

17 扦子取出后如果表面光洁，就说明蛋糕烤好了。如果不够光洁，放回烤箱继续烤几分钟，再次检查。

18 把蛋糕留在模中10分钟后再小心出模，注意不要让表面的松脆末滑落。放在烤网上稍凉，撕下烤盘纸。蛋糕需趁热食用。

苹果蛋糕的花样翻新

苹果、葡萄干和胡桃蛋糕

这是款非常健康的蛋糕，用了少量的蔬菜油和大量的果干、水果、坚果。减肥的人也可以放心地大快朵颐啦。

食用人数：10~12人　准备时间：25分钟　烘烤时间：30~35分钟

所需工具：

直径23厘米（9英寸）的圆形活底蛋糕模

原料：

少量黄油，涂油层用
50克胡桃仁
200克甜点苹果，洗净、削皮、去核、切小丁
150克绵棕糖
250克自发粉
1茶匙泡打粉
2茶匙肉桂粉
1小撮盐
3.5汤匙葵花籽油
3.5汤匙牛奶，多备少许
2个鸡蛋
1茶匙香草精
50克浅黄色葡萄干
打发的奶油或糖粉，就食用（可选）

做法详解：

1 预热烤箱至180℃／燃气4。蛋糕模内涂油层，底部铺好烤盘纸。把胡桃仁放入烤箱烤制约5分钟，变色取出。放凉后大致切碎。

2 大盆中先把苹果丁和糖混合，再把自发粉、盐、肉桂粉和泡打粉一起过筛加入，混匀。另取一个容器，用搅棒击打油、牛奶、鸡蛋和香草精，至质地均匀一致。

3 把牛奶鸡蛋混合物倒入盆中的干料中，充分搅匀。最后把胡桃仁碎、葡萄干一并掺入，即成蛋糕糊。

4 蛋糕糊倒入准备好的烤模中，用抹刀摊开到每一个角落并抹平表面。放入烤箱中部烤制30~35分钟。用扦子插入蛋糕内部、拔出洁净即可从烤箱中取出。把蛋糕留在烤模中冷却几分钟后再出模，放在烤网上，撕去烤盘纸。趁热享用，可蘸食奶油或者糖粉。

保存心得： 可放入密闭容器，在阴凉处存放3天。

意式苹果蛋糕

意大利风格的苹果蛋糕，特点是香味浓郁，质地厚实。

食用人数：8人　准备时间：20~25分钟　烘烤时间：75~90分钟　冷冻保存时间：8周

所需工具：

直径23~25厘米（9~10英寸）的圆形活底蛋糕模

原料：

175克无盐黄油，室温软化，多备少许，涂油层用
175克普通面粉，多备少许
1/2茶匙盐
1茶匙泡打粉
1个柠檬，皮擦细末，汁榨出待用
625克苹果，削皮、去核、切薄片
260克细砂糖
2个鸡蛋
4汤匙牛奶

做法详解：

1 预热烤箱至180℃／燃气4。蛋糕模内涂油层，撒入面粉，摇动蛋糕模，使面粉均匀地沾在底部和内壁，倒出多余的面粉。面粉、盐和泡打粉一起过筛到盆中。把柠檬汁倒入苹果片中，搅拌，让柠檬汁包裹苹果片。

2 用电动搅拌器击打黄油，柔软滑腻时加入200克糖和柠檬皮末，继续击打至发飘成羽毛状。把鸡蛋逐个击打加入，每个鸡蛋加入后都要等混合均匀后再加入下一个。最后逐渐打入牛奶，混合物颜色质地均匀时成蛋糕糊。

3 把一半的苹果片掺入蛋糕糊，蛋糕糊舀入准备好的烤模中，用抹刀摊开到每一个角落并抹平表面。把余下的一半苹果片圆圈状摆在蛋糕糊之上，放入烤箱中部烤制75~90分钟。用扦子插入蛋糕内部、拔出洁净即可取出烤箱。蛋糕内部应该依旧很润湿。

4 与此同时，把60克糖和4汤匙水一起加热，熬成糖浆，糖完全溶化后继续加热沸腾2分钟即可，不必搅动。自然放凉。

5 蛋糕从烤箱中取出后，立即用刷子把糖浆刷在表面，蛋糕需要留在烤模中完全冷却，再出模并食用。

保存心得： 可放入密闭容器，在阴凉处存放2天。

焦糖苹果蛋糕

新鲜苹果做的焦糖苹果，让这款苹果蛋糕风味独具；烤制后的蛋糕浇上焦糖汁液，更增添了蛋糕的湿润和绵软，焦糖的芳香更为浓郁。

食用人数：8~10人　准备时间：40分钟　烘烤时间：40~45分钟　冷冻保存时间：4周

所需工具：
直径23厘米（9英寸）的圆形活底蛋糕模

原料：
200克无盐黄油，室温软化，多备少许，涂油层用
50克细砂糖
250克苹果，削皮、去核、切丁
150克绵棕糖
3个鸡蛋
150克自发粉
满满1茶匙泡打粉
打发的奶油或糖粉，就食用（可选）

做法详解：

1 预热烤箱至180℃／燃气4。蛋糕模内涂油层，底部铺烤盘纸。取一个较大的平底煎锅，小火加热50克黄油和细砂糖，见糖完全熔化、混合物颜色变金棕色时，把苹果丁放入，慢慢煎7~8分钟，直到苹果丁质地变软，颜色变深，成焦糖苹果丁。

2 用电动搅拌器击打余下的黄油和绵棕糖，直到质地轻盈成羽毛状。把鸡蛋逐个击打加入，每个鸡蛋加入后都要等混合均匀后再加入下一个。最后把自发粉和泡打粉一起过筛到其中，轻快地掺匀。

3 把平底锅中的焦糖苹果丁移出、平铺在蛋糕模的底部，汁液留在锅中待用。蛋糕糊舀入蛋糕模中的苹果丁上，用抹刀摊开到每一个角落并抹平表面。放入烤箱中部烤制40~45分钟。用扦子插入蛋糕内部、拔出洁净即可取出。蛋糕停留在模中几分钟后，出模在烤网上放凉。

4 平底锅上火，小火加热锅中的汁液。蛋糕放入甜点盘，用一支牙签在蛋糕上扎出一些小眼，把平底锅中热透的汁液慢慢舀着浇到蛋糕上，让汁液均匀地渗入蛋糕。可趁热就食打发的奶油，或者凉后撒上糖粉食用。

保存心得： 可放入密闭容器，在阴凉处存放3天。

大黄茎姜味翻转蛋糕

鲜嫩的大黄茎做成的这款翻转蛋糕，让这款传统的蛋糕有了别样新颖的口感。

食用人数：6~8人　准备时间：40分钟　烘烤时间：40~45分钟

所需工具：
直径23厘米（9英寸）的圆形活底蛋糕模

原料：
150克无盐黄油，室温软化，多备少许，涂油层用
500克新鲜、幼嫩的大黄茎
150克绵黑棕糖
4汤匙细细切碎的腌姜
3个大鸡蛋
150克自发粉
2茶匙姜粉
1茶匙泡打粉
浓奶油、可打发奶油或者法式酸奶油，就食用（可选）

1 预热烤箱至180℃／燃气4。蛋糕模内涂油层。

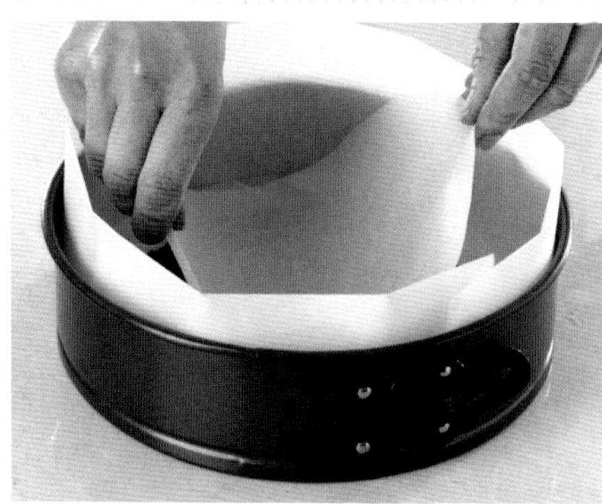

2 底部和内壁铺好烤盘纸。

3 把大黄茎洗净、沥净水，颜色发白、发绿的部分切去不用。用厨纸吸去多余的水分。

4 把大黄茎切成2厘米长的小丁。要选择锋利的刀，这样容易切断茎干。

5 取一些糖，均匀撒在蛋糕模底部。

6 撒入一半的腌姜碎。

7 把大黄茎丁均匀铺入蛋糕模中的腌姜碎上。

8 取一个盆，放入黄油和余下的糖。

9 用电动搅拌器击打黄油和糖，直到质地滑腻，色泽均匀，成羽毛状。

10 逐个加入鸡蛋，要击打均匀后，再添加下一个。要充分打发，让更多的空气进入面糊中。

11 把剩下一半的腌姜碎掺入面糊中。

12 自发粉、姜粉、泡打粉一起过筛到另一个盆中。

13 把过筛的干料加入步骤11做好的面糊中。

14 用金属勺轻快地搅拌均匀成蛋糕糊。

15 把蛋糕糊舀入蛋糕模中的大黄茎丁上。

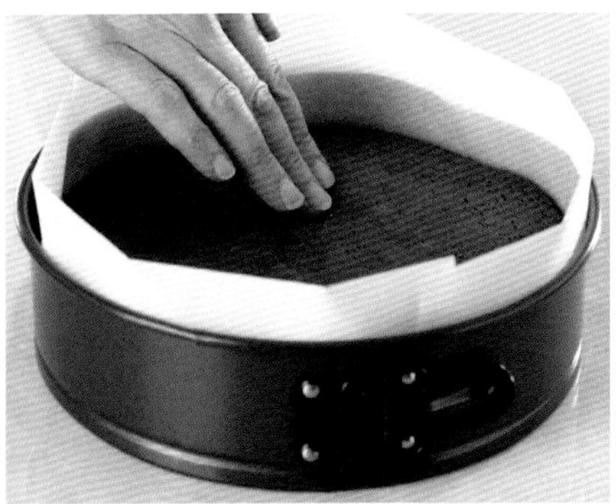

16 放入烤箱中部，烤制40~45分钟。用手指按压有弹性即可。

17 把蛋糕留在模中20~30分钟再小心出模，倒扣在甜点盘中。

18 本蛋糕建议趁热食用，可就食打发的奶油或者法式酸奶油。

保存心得： 可放入密闭容器，在阴凉处存放2天。

新鲜水果蛋糕的花样翻新

蓝莓翻转蛋糕

用一小筐蓝莓来做一个蛋糕，实在奢侈。当然若在蓝莓的成熟季节，就不算什么啦。

食用人数：8~10人　准备时间：15分钟　烘烤时间：35~40分钟

所需工具：
直径23厘米（9英寸）的圆形活底蛋糕模

原料：
150克无盐黄油，室温软化，多备少许，涂油层用
150克细砂糖
3个鸡蛋
1茶匙香草精
100克自发粉
1茶匙泡打粉
50克杏仁粉
250克新鲜蓝莓
奶油、香草软冻或者糖粉，就食用（可选）

做法详解：

1 预热烤箱至180℃／燃气4。把一个烤盘放置其中一起预热。蛋糕模内涂油层，底部铺烤盘纸。用电动搅拌器击打黄油和糖，直到质地轻盈成羽毛状。

2 把香草精、鸡蛋逐个击打加入，每个鸡蛋加入后都要等混合均匀后再加入下一个。最后把自发粉和泡打粉一起过筛到其中，轻快地掺匀。最后把杏仁粉掺入，做成蛋糕糊。

3 把蓝莓平铺在蛋糕模的底部，蛋糕糊舀入蛋糕模中的蓝莓上，用抹刀摊开到每一个角落并抹平表面。放入烤箱中的烤盘上烤制35~40分钟。表面金黄、手指按压有弹性时，用扦子插入蛋糕内部、拔出洁净即可从烤箱中取出。蛋糕停留在模中几分钟后，出模在烤网上放凉。

4 可趁热就食奶油、香草软冻，或者凉后撒上糖粉食用。

保存心得：可放入密闭容器，在阴凉处存放2天。

秋梨蛋糕

新鲜的梨、酸奶和杏仁，成就这一款滋润清香的水果蛋糕。

食用人数：6~8人　准备时间：40分钟　烘烤时间：45~50分钟　冷冻保存时间：8周

所需工具：
直径18厘米（7英寸）的圆形活底蛋糕模

原料：
100克无盐黄油，室温软化，多备少许，涂油层用
75克绵棕糖
1个大鸡蛋，打散
125克自发粉
1茶匙泡打粉
1/2茶匙姜粉
1/2茶匙肉桂粉
1/2个橘子，皮擦细末、汁榨出待用
4汤匙原味浓酸奶或者酸奶油
25克杏仁粉
1个大梨或2个小梨，削皮、去核、切薄片

顶部装饰：
2汤匙烤熟的杏仁片
2汤匙红糖

做法详解：

1 预热烤箱至180℃／燃气4。蛋糕模内涂油层，底部铺烤盘纸。用电动搅拌器击打黄油和糖，直到质地轻盈成羽毛状。把鸡蛋击打加入。

2 把自发粉、姜粉、肉桂粉和泡打粉一起过筛到其中，轻快地掺匀。最后把橘子皮末、橘汁、酸奶或酸奶油、杏仁粉掺入，搅匀成蛋糕糊。把一半的蛋糕糊舀入蛋糕模中，用抹刀摊开到每一个角落并抹平表面，梨片均匀地摆入，再把另一半蛋糕糊舀入，抹平表面。

3 杏仁片和红糖在小碗中拌匀，撒在蛋糕糊上。蛋糕模放入烤箱中的烤盘上烤制45~50分钟。用扦子插入蛋糕内部、拔出洁净即可取出。

4 蛋糕停留在模中约10分钟，出模在烤网上放凉。建议趁热食用。

保存心得：可放入密闭容器，在阴凉处存放3天。

樱桃杏仁蛋糕

经典蛋糕原料的经典组合，很难出错的搭配，很容易博得赞扬的选择。

食用人数：8~10人　准备时间：20分钟　烘烤时间：90~105分钟　冷冻保存时间：4周

所需工具：
直径20厘米（8英寸）的高筒圆形活底蛋糕模

原料：
150克无盐黄油，室温软化，多备少许，涂油层用
150克细砂糖
2个大鸡蛋，略微打散
250克自发粉，过筛
1茶匙泡打粉
150克杏仁粉
1茶匙香草精
75毫升全脂牛奶
400克去核樱桃
25克去皮杏仁片，大致切碎

做法详解：

1 预热烤箱至180℃／燃气4。蛋糕模内涂油层，底部铺烤盘纸。用电动搅拌器击打黄油和糖，直到质地轻盈成羽毛状。一边击打，一边把鸡蛋加入。在加入第2个鸡蛋前，加入1汤匙自发粉，混匀后加入第2个鸡蛋。

2 把自发粉、泡打粉、香草精、杏仁粉、牛奶逐一加入，轻快地掺匀。最后把一半的樱桃掺入，搅匀成蛋糕糊。蛋糕糊舀入蛋糕模中，用抹刀摊开到每一个角落并抹平表面，余下的一半樱桃和杏仁片均匀地撒在表面。

3 放入烤箱中烤制90~105分钟。用扦子插入蛋糕内部、拔出洁净即可。如果蛋糕表面变黄但是蛋糕还没有烤好，就在表面盖上一层厨用锡纸，继续烘烤。蛋糕烤好后，要停留在模中几分钟后再出模，放置于烤网上完全冷却后食用。

保存心得： 可放入密闭容器，在阴凉处存放2天。

巴伐利亚李子蛋糕

巴伐利亚以独特的香甜烘焙风格而著名。这款不寻常的蛋糕是介于甜面包和水果挞之间的一种有趣好吃的巴伐利亚甜点。

食用人数：8~10人　准备时间：35~40分钟　烘烤时间：50~55分钟　冷冻保存时间：4周

预先发酵时间：
120~165分钟

所需工具：
直径28厘米（11英寸）的圆形挞模

原料：
1.5茶匙干酵母
蔬菜油，涂油层用
375克普通面粉，多备少许，装点用
2汤匙细砂糖
1茶匙盐
3个鸡蛋
125克无盐黄油，室温软化，多备少许，涂油层用

馅料：
2汤匙干面包渣
875克紫李子，去核，顺长4等分切块
2个蛋黄
100克细砂糖
60毫升浓奶油

做法详解：

1 小碗中加入60毫升微温的水，把干酵母撒在水中。静置5分钟，让酵母自然发起。面粉过筛到盆中，面粉中间挖个小坑，加入糖、盐、鸡蛋和发好的酵母水。

2 用手揉搓，做成一个柔软的面团。如果太黏，可以加一点面粉。面团放在案板上揉10分钟，让面团表面光滑、质地弹性十足。揉面的过程中如果太粘手，可以继续加一点面粉，注意不要一次加太多。揉好的面团应该还会和案板粘连，但可以很容易拿起。

3 把黄油加入面团中，继续揉，直到混合均匀。另取一个盆，内部抹油，把揉好的面团放入、加盖，放入冰箱冷藏室发酵90~120分钟，或者过夜。发好的面团体积应该是原来的2倍。

4 挞模内部涂油层。冷藏发酵的面团取出，轻轻捶打，挤出空气。案板上撒些面粉，把面团在案板上擀开成直径32厘米的圆片。用擀面杖卷起面片，铺入挞模内，整理面片，去掉多余。

5 干面包渣撒在面片表面，李子切面朝上，呈圆圈状摆好，注意在边缘留出1厘米左右的空白。用保鲜膜盖上，室温放置30~45分钟，待面片边缘发起。同时，预热烤箱至220℃／燃气7，把一个烤盘放入烤箱同时预热。

6 制作馅料：蛋黄和70克细砂糖、浓奶油一起击打，混合均匀后静置待用。

7 余下的30克糖撒在李子表面，把挞模放入烤箱内的烤盘中，烤制5分钟后取出。烤箱温度降低为180℃／燃气4。

8 把步骤6做好的软冻均匀地舀在李子表面，放回烤箱继续烤45~50分钟。到边缘金黄、李子软熟、软冻凝固即可取出。出模后，放置于烤网上稍微冷却几分钟后，趁热食用。

保存心得：可放入密闭容器，在阴凉处存放2天。

烘焙大师的小点子：
这款蛋糕的馅料在烤制之后，不应该是完全凝固的。取出时晃动模具、看到蛋糕表面还有略微的起伏，才是最佳火候。一旦烤过火，馅料会硬实如橡皮，失去它应有的香糯、润滑口感。

香蕉面包

选用熟透的香蕉，让这款面包香甜又美味。制作快捷，香料和果仁为可选项，不过它们能让面包味道更足！

成品数量：2个长面包
准备时间：20~25分钟
烘烤时间：35~40分钟
冷冻保存时间：8周

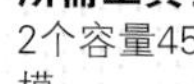

所需工具：

2个容量450克（1升）的长面包烤模

原料：

无盐黄油少许，涂油层用
375克白高筋粉，多备少许，装点用
2茶匙泡打粉
2茶匙肉桂粉
1茶匙盐
125克核桃仁，大致切碎
3个鸡蛋
3只熟透的香蕉，去皮、切片
1个柠檬，皮擦细末，汁榨出待用
125毫升蔬菜油
200克粗糖
100克绵棕糖
2茶匙香草精
奶油奶酪或者黄油，就食用（可选）

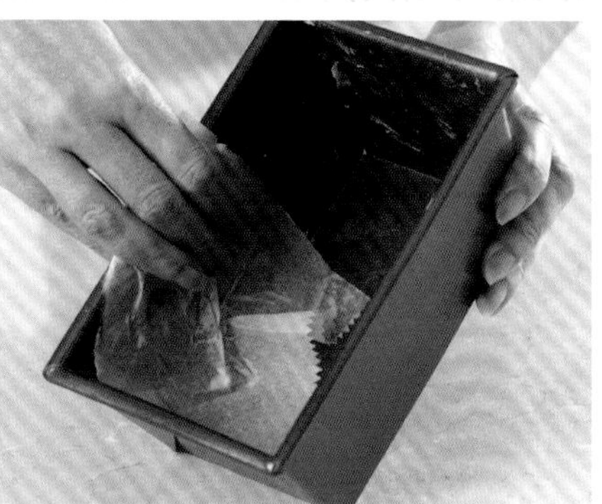

1 预热烤箱至180℃ / 燃气4。烤模底部和内侧仔细涂过油层。

2 每个烤模内舀入2~3汤匙高筋粉，摇动烤模，让高筋粉均匀地沾在底部和内壁。

3 高筋粉、泡打粉、肉桂粉、盐一起过筛到大盆中。混入核桃碎。

4 高筋粉混合物中间挖个小坑。

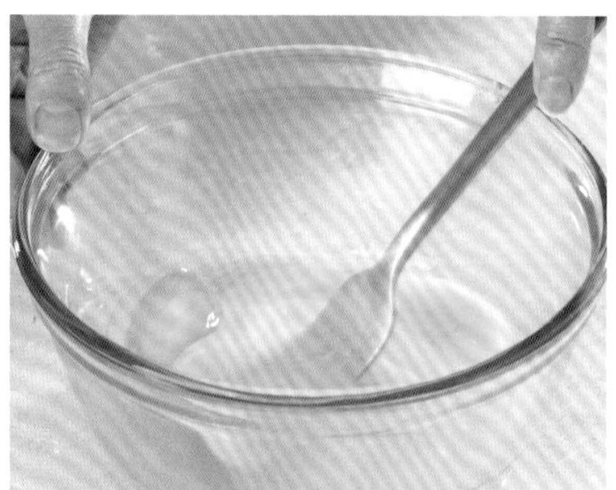

5 取一个碗，打散鸡蛋。

6 另取一个碗，把香蕉片放入，用勺子背压碎成泥。

7 把香蕉泥和鸡蛋液混合均匀，加入柠檬皮末。

8 加入蔬菜油、粗糖、绵棕糖、香草精、柠檬汁，搅动直到混匀，为湿料。

9 把3/4的湿料倒入高筋粉混合物中的小坑。

10 逐渐地搅动干湿料，并加入余下的1/4的湿料。

11 混合物混匀即可。如果过度搅动，成品将会发硬。

12 把蛋糕糊平分舀入2个烤模中。如果是1升的烤模，蛋糕糊高度应该达到烤模的一半。

13 放入烤箱中部，烤制35~40分钟，直到颜色金黄、面包四周开始回缩。

14 用扦子插入蛋糕内部、拔出洁净即可取出。

15 把面包留在模中几分钟后再小心出模，放在烤网上自然冷却。

16 食用时切片，抹上黄油或奶油奶酪食用。切片后用烤面包机加热也会相当美味。
保存心得：可放入密闭容器，在阴凉处存放3~4天。

长面包式蛋糕的花样翻新

苹果长蛋糕

苹果和全麦面粉，让这款蛋糕很健康！

   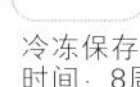

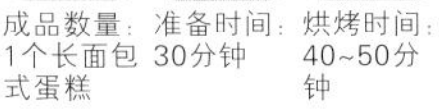

成品数量：1个长面包式蛋糕　准备时间：30分钟　烘烤时间：40~50分钟　冷冻保存时间：8周

所需工具：
容量900克（2升）的长面包烤模

原料：
120克无盐黄油，室温软化，多备少许，涂油层用
60克绵棕糖
60克细砂糖
2个鸡蛋
1茶匙香草精
60克自发粉，多备少许，搅拌用
60克全麦自发粉
1茶匙泡打粉
2茶匙肉桂粉
2个苹果，削皮、去核、切丁

做法详解：

1 预热烤箱至180℃ / 燃气4。烤模内涂油层，底部铺烤盘纸。用电动搅拌器击打黄油和糖，直到质地轻盈成羽毛状。

2 继续击打，把鸡蛋逐个加入，混匀后加入第2个鸡蛋。加入香草精，接着把自发粉、泡打粉、肉桂粉过筛加入。用金属勺搅拌均匀。

3 苹果丁用一点点面粉拌过，然后倒入面糊中，做成蛋糕糊。蛋糕糊舀入蛋糕模中，用抹刀摊开到每一个角落并抹平表面，放入烤箱中烤制40~50分钟。蛋糕表面金黄即可取出。蛋糕烤好后，停留在模中几分钟后再出模，放置于烤网上完全冷却。

保存心得： 可放入密闭容器，在阴凉处存放3天。

烘焙大师的小点子：
烤蛋糕选用水果做配料——不管是干水果还是新鲜水果，切丁、切粒后，先用一点面粉把水果拌过，再掺入蛋糕糊。别小看这层薄薄的面粉包装，它会阻止水果丁、水果粒沉底，让它们停留在原位，在蛋糕中分布均匀。

胡桃蔓越莓长蛋糕

蔓越莓干味道和口感都很特别，颜色也明亮艳丽，让蛋糕更抢眼。

 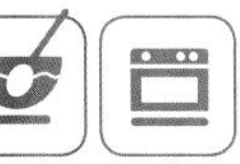  

成品数量：1个长面包式蛋糕　准备时间：30分钟　烘烤时间：50~60分钟　冷冻保存时间：4周

所需工具：
容量900克（2升）的长面包烤模

原料：
100克无盐黄油，多备少许，涂油层用
100克绵棕糖
75克蔓越莓干，大致切碎
50克胡桃仁，大致切碎
2个橘子，皮擦细末，其中1个橘子汁榨出待用
2个鸡蛋
125毫升牛奶
225克自发粉
1/2茶匙泡打粉
1/2茶匙肉桂粉
100克糖粉，过筛

做法详解：

1 预热烤箱至180℃ / 燃气4。烤模内涂油层，底部铺烤盘纸。小锅加热黄油，熔化后离火稍凉，加入糖、蔓越莓干、胡桃仁、一半橘子皮末。另一个碗中击打牛奶和鸡蛋，质地均匀后倒入黄油锅中，一起混匀成为湿料。

2 另取一个盆，自发粉、泡打粉、肉桂粉过筛加入，搅拌后把黄油混合物倒入，用金属勺搅拌均匀成蛋糕糊。蛋糕糊舀入蛋糕模中，用抹刀摊开到每一个角落并抹平表面，放入烤箱中烤制50~60分钟。烤好后在模中稍凉再小心出模。

3 糖粉和另一半橘子皮末混合。加入橘汁，调成糊状，淋在完全冷却之后的蛋糕表面，凝固之后再切片食用。

保存心得： 可放入密闭容器，在阴凉处存放3天。

甜薯面包

家常的、令人愉快的蛋糕，观感、口感和味道都很像前面介绍过的香蕉面包。

成品数量：1个长面包式蛋糕　准备时间：10分钟　烘烤时间：60分钟　冷冻保存时间：4周

所需工具：
容量900克（2升）的长面包烤模

原料：
100克无盐黄油，室温软化，多备少许，涂油层用
175克红薯（或称白薯），削皮、切丁
200克普通面粉
2茶匙泡打粉
1小撮盐
1/2茶匙混合香料
1/2茶匙肉桂粉
125克细砂糖
50克红枣，切碎
50克胡桃仁，切碎
100毫升葵花籽油
2个鸡蛋

做法详解：

1 烤模内涂油层，底部铺烤盘纸。红薯丁放入小锅，加水没过，上火煮熟。取出沥干水后，用勺子背压成泥。一旁静置冷却。

2 预热烤箱至170℃ / 燃气3.5。取一个盆，面粉、泡打粉、盐、香料、肉桂粉过筛加入，放入糖、红枣碎、核桃仁碎，混匀后中央挖个浅坑。

3 另一个容器中，放入鸡蛋和油击打均匀，加入红薯泥，继续击打成质地均匀的稀糊状时，倒入干料盆中的浅坑中。搅拌均匀成面包糊。

4 面包糊舀入烤模中，用抹刀摊开到每一个角落并抹平表面，放入烤箱中烤制60分钟，表面膨胀升起时，用扦子插入内部、拔出洁净即可取出。在模中稍凉5分钟后，再小心出模。

保存心得： 可放入密闭容器，在阴凉处存放3天。

节庆大蛋糕

浓香型果味蛋糕

这款蛋糕内容丰富，需要精心的准备和细致的操作。适合圣诞、生日、洗礼、婚礼这些隆重的大场合。

食用人数：16人　准备时间：25分钟　烘烤时间：150分钟

提前准备：
需提前一夜准备果料

所需工具：
直径20~25厘米（8~10英寸）的高筒蛋糕模

原料：
200克金色葡萄干
400克褐色葡萄干
350克无核西梅，切碎
350克蜜饯樱桃
2个小甜点苹果，削皮、去核、切丁
600毫升苹果酒
4茶匙混合香料
200克无盐黄油，室温软化
175克黑糖
3个鸡蛋，打散
150克杏仁粉
280克普通面粉
2茶匙泡打粉

装饰用料：
400克成品杏仁蛋白软糖
2~3汤匙杏酱
3个大蛋白
500克糖粉

1 把金色葡萄干、褐色葡萄干、西梅、蜜饯樱桃、苹果丁、苹果酒、香料一起放入锅中。

2 锅上火，中火炖煮20分钟，直到大部分的液体都被吸收。

3 离火后室温放置过夜，让汁液完全被果干吸收。

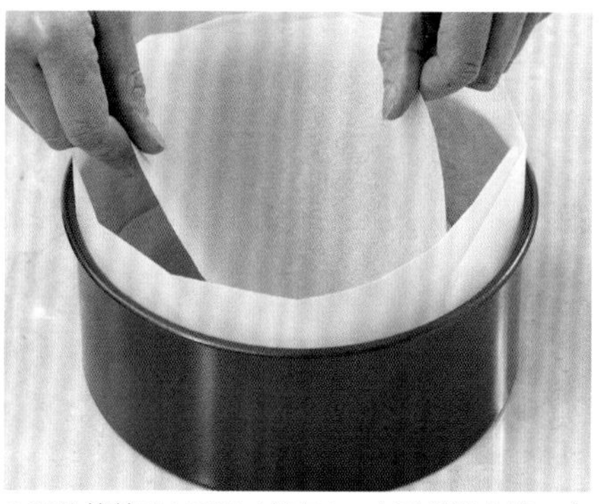

4 预热烤箱至160℃ / 燃气3，在蛋糕模内壁、底部铺2层烤盘纸。

5 黄油和糖一起放入盆中，用电动搅拌器击打，到质地发白，轻盈如羽毛状即可。

6 把鸡蛋逐个加入，混合均匀后再加入下一个。要注意不可留有细小结块。

7 把隔夜放置过的混合果干和杏仁粉加入，搅匀即可，不可过度搅拌。

8 面粉和泡打粉一起过筛加入盆中，用金属勺轻快地掺匀，做成蛋糕糊。

9 蛋糕糊倒入准备好的蛋糕模中，用锡纸覆盖表面，入烤箱烤制150分钟。

10 用扦子插入蛋糕内部，取出后如果表面光洁，就说明蛋糕烤好了。

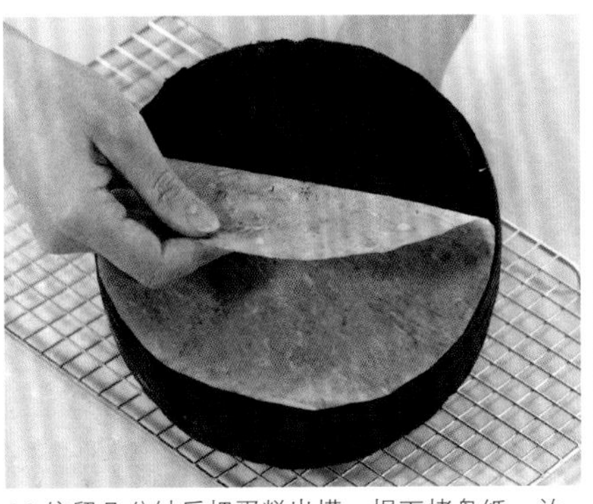

11 停留几分钟后把蛋糕出模。揭下烤盘纸，放在烤网上冷却。

12 蛋糕的周边和顶部修平整，便于装饰。蛋糕放在托盘上，用一长条杏仁蛋白软糖固定。

13 把杏酱加热后，用刷子刷在蛋糕外表。这可以帮助杏仁蛋白软糖和蛋糕紧密粘连。

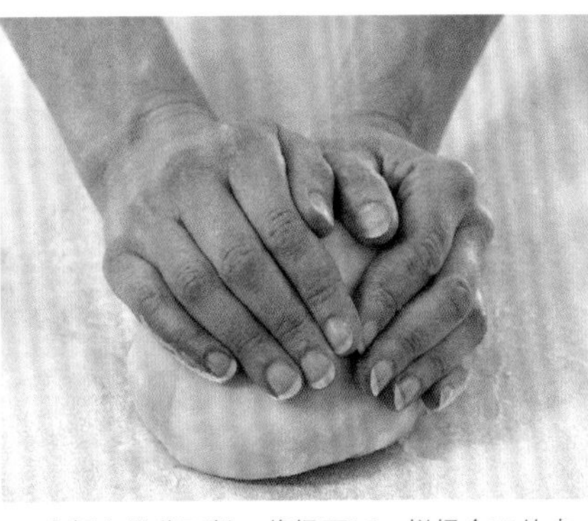

14 案板上撒些面粉，像揉面团一样揉余下的杏仁蛋白软糖，直到质地变柔软。

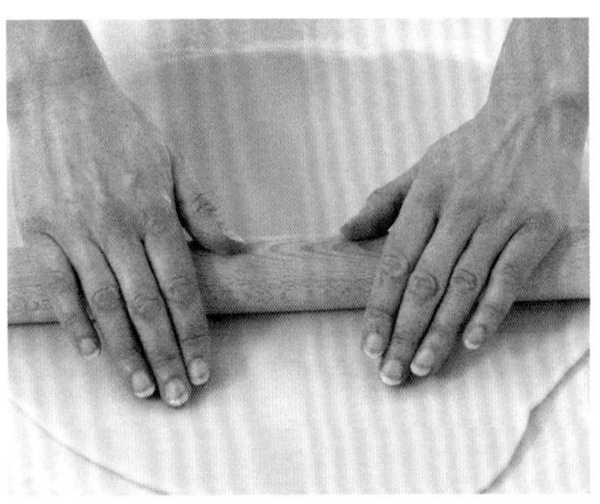

15把杏仁蛋白软糖擀开，大小足够把整个蛋糕包起来。

16 用擀面杖把软糖片卷起，移到蛋糕上，找准位置，再慢慢展开，把整个蛋糕包起来。

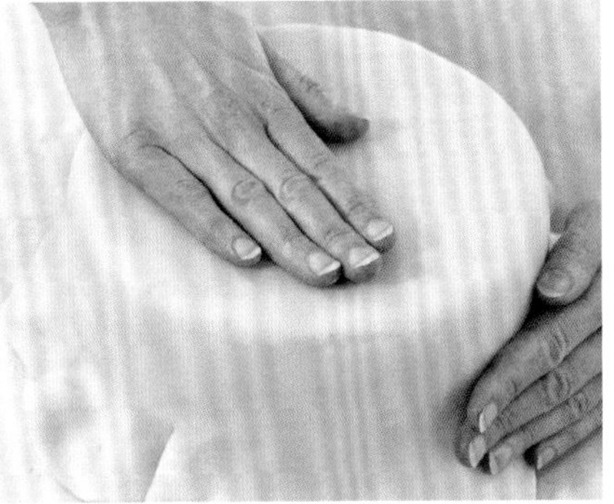

17 用双手十指小心操作，让杏仁蛋白软糖与蛋糕妥帖结合，避免任何明显的鼓包。

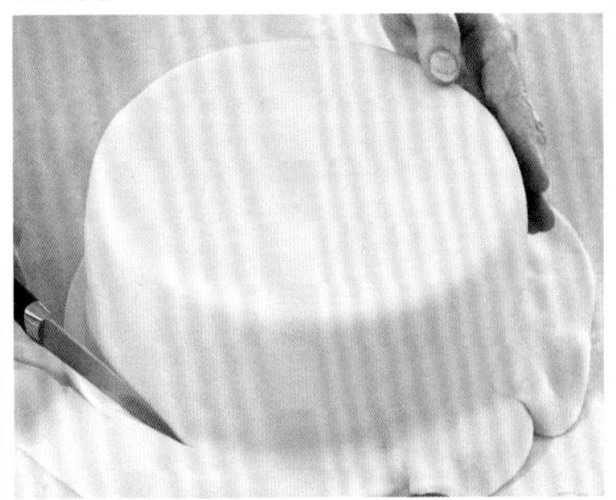

18 用一把尖头小刀，把底部多余的杏仁蛋白软糖整齐地切去。

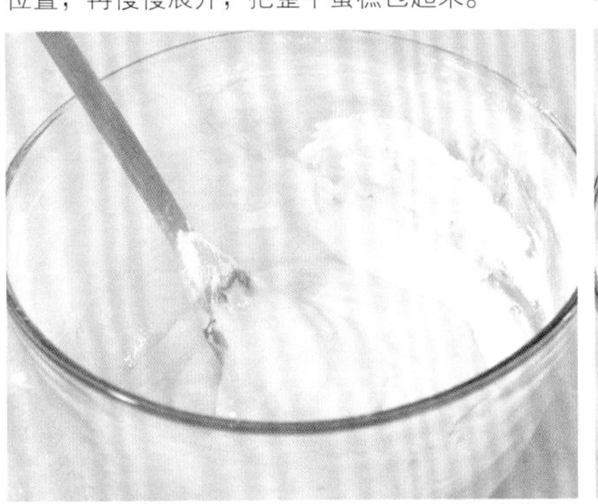

19 另取一个盘，把蛋白和糖粉混合均匀。

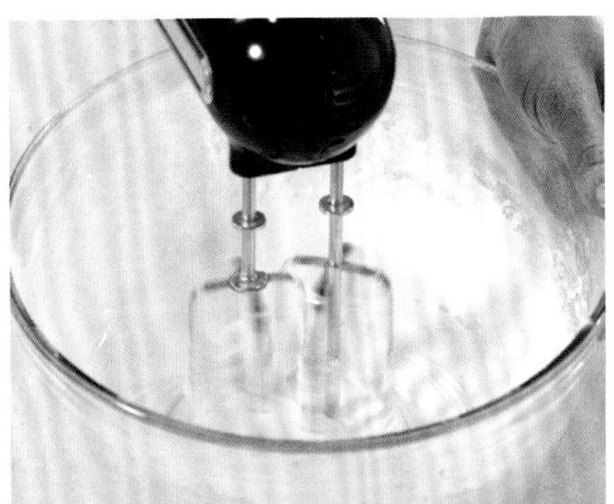

20 用电动搅拌器击打蛋白和糖粉混合物10分钟，直到混合物成型。

21 用抹刀把蛋白混合物抹到蛋糕上，随心做出喜好的图案即可。**保存心得：**没有装饰的蛋糕可放入密闭容器，在阴凉处存放8周。可以提前做好，使用时取出装饰，从而避开大型节庆之前的紧张繁忙。

水果蛋糕的花样翻新

西梅巧克力甜点蛋糕

白兰地浸泡过的西梅让这款厚重的蛋糕充满有趣的惊喜，品尝的过程充满了期待。它非常适合在漫长的寒冬里款待你的客人、家人或者犒劳自己。

食用人数：8~10人　准备时间：30分钟　烘烤时间：40~45分钟　冷冻保存时间：8周

提前准备：
西梅需要浸泡过夜

所需工具：
直径23厘米（9英寸）的圆形活底蛋糕模

原料：
100克即食西梅，切碎
100毫升白兰地或者冷却的特浓红茶
125克无盐黄油，多备少许，涂油层用
250克优质黑巧克力，切碎
3个鸡蛋，蛋黄、蛋白分离
150克细砂糖
100克杏仁粉
可可粉适量，过筛，装点用
浓奶油适量，打发后就食用（可选）

做法详解：

1 提前把切碎的西梅用白兰地或者特浓红茶液浸泡过夜。预热烤箱至180℃／燃气4，取少许黄油涂抹在蛋糕模内壁，底部铺好烤盘纸。

2 巧克力和黄油一起放入耐热玻璃碗，耐热玻璃碗放入敞口锅，锅中加水至一半，上火烧开、保持微微沸腾，不断搅动，让黄油和糖完全熔化并融合，离火冷却。蛋黄和糖一起在大碗中用电动搅拌器击打。另取一个盆击打蛋白，至质地发白，能够成型。

3 把放凉但尚未凝固的巧克力黄油液加入蛋黄中，掺入杏仁粉、西梅、浸泡西梅余下的汁液，搅拌均匀。先舀2汤匙打发的蛋白掺入，让混合物质地松动，然后再把所有的蛋白掺入成蛋糕糊，动作轻快，尽量减少搅动次数但要混合均匀。这样是为了保持尽可能多的空气在蛋糕糊中，保证蛋糕成品的松软质地。

4 蛋糕糊倒入蛋糕模中，表面用抹刀抹平。入烤箱烤制40~45分钟。待手指按压有弹性，但是蛋糕中央依旧微微发软时，就说明蛋糕烤好了。从烤箱中取出蛋糕模，停留几分钟后把蛋糕出模。揭下烤盘纸，放在烤网上冷却。

5 把蛋糕倒扣在甜点盘中，这样蛋糕平整的一面朝外。把可可粉撒在表面，即可切块食用。可就食浓奶油。

保存心得： 可放入密闭容器，在阴凉处存放5天。

红茶果味面包

相当简单易做的面包，注意要把浸泡果干的汁液一并加入哦！

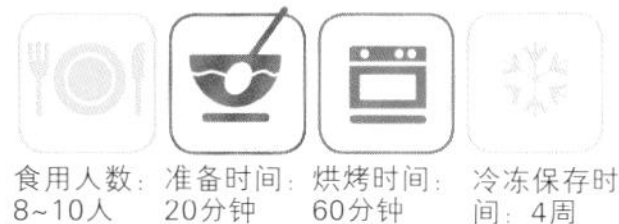

食用人数：8~10人　准备时间：20分钟　烘烤时间：60分钟　冷冻保存时间：4周

提前准备：
果干需要浸泡过夜

所需工具：
容量900克（2升）的长面包烤馍

原料：
250克混合干果（金色葡萄干、褐色葡萄干、小葡萄干及混合果皮等）
100克绵棕糖
250毫升冷却的特浓红茶
无盐黄油少许，涂油层用
50克核桃仁或者胡桃仁，大致切碎
1个鸡蛋，打散
200克自发粉

做法详解：

1 混合干果处理成大小一致的碎丁，和糖一起搅拌后，泡入特浓红茶液浸泡过夜。预热烤箱至180℃／燃气4，取少许黄油涂抹在蛋糕模内壁，底部铺好烤盘纸。

2 鸡蛋和核桃碎或者胡桃碎一起放入干果中，搅拌均匀后，把自发粉过筛加入。充分搅匀成面包糊。

3 面包糊倒入烤模中，表面用抹刀抹平。入烤箱烤制约60分钟。待手指按压有弹性、颜色金黄时，蛋糕就烤好了。

4 从烤箱中取出蛋糕模，停留几分钟后把蛋糕出模。揭下烤盘纸，放在烤网上冷却。食用时切片即可，或用烤面包机烤过并抹上黄油食用。

保存心得： 可放入密闭容器，在阴凉处存放5天。

清爽型果味蛋糕

不是所有的人都喜欢甜腻丰厚的传统果味蛋糕，尤其是在丰盛的正餐之后，可能一款清淡适口的甜点会更受人喜爱。这款蛋糕正是为这一目的而设计的。它选用了小分量的果干，制作简便，极易上手。

食用人数：8~12人　准备时间：25分钟　烘烤时间：90~105分钟　冷冻保存时间：8周

所需工具：
直径20厘米（8英寸）的高筒蛋糕模

原料：
175克无盐黄油，室温软化
175克绵棕糖
3个大鸡蛋
250克自发粉，过筛
2~3汤匙牛奶
300克混合干果（葡萄干、蜜饯樱桃、蜜饯果皮等），切小丁

做法详解：

1 预热烤箱至180℃／燃气4，取少许黄油涂抹在蛋糕模内壁，底部铺好烤盘纸。

2 黄油和糖一起放入盆中，用电动搅拌器击打，至质地发白、轻盈如羽毛状时，逐个击打加入鸡蛋，鸡蛋充分混合进去后加入1汤匙自发粉，混匀后再加入下一个鸡蛋。随后把所有的自发粉和牛奶一并加入，最后加入混合干果搅拌均匀成蛋糕糊。

3 蛋糕糊倒入烤模中，表面用抹刀抹平。入烤箱烤制90~105分钟。待手指按压坚实有弹性、颜色金黄时，用扦子插入蛋糕内部，取出后如果表面光洁，就说明蛋糕烤好了。蛋糕停留在蛋糕模中完全冷却之后，再出模。揭下烤盘纸，即可食用。

保存心得： 可放入密闭容器，在阴凉处存放3天。

李子大布丁

这款甜点源自中世纪的英格兰，实际原料中并没有李子，而是加入了西梅、葡萄干等果干，并用黄油代替了传统牛油。

食用人数：8~10人　准备时间：45分钟　蒸制时间：8~10小时　冷冻保存时间：1年

提前准备：
果干需要浸泡过夜

所需工具：
容量1千克（2.25升）的布丁碗

原料：
85克褐色葡萄干
60克红莓干
100克金色葡萄干
45克混合蜜饯果皮，切碎
115克混合干果，如红枣、樱桃、无花果等
150毫升啤酒
1汤匙白兰地或者威士忌
1个橘子，皮擦细末，汁榨出待用
1个柠檬，皮擦细末，汁榨出待用
85克即食西梅，切碎
150毫升冷却的特浓红茶
1个甜点苹果，削皮、去核、擦末
115克无盐黄油，室温软化，多备少许，涂油层用
175克黑糖
1汤匙黑色糖蜜
2个鸡蛋，打散
60克自发粉
1茶匙混合香料
115克新鲜白面包渣
60克杏仁片，大致切碎
白兰地黄油、奶油或者软冻，就食用（可选）

做法详解：

1 把原料中的干果一起放入一个大盆中待用。切碎的西梅在小碗中用特浓红茶液浸泡过夜。

2 次日沥干西梅（汁液弃去），加入大盆中的干果中，随后依次加入新鲜的苹果末、黄油、糖、糖蜜、鸡蛋，搅拌均匀。

3 自发粉和混合香料一起过筛加入盆中，白兰地、啤酒、面包渣和杏仁片也逐一加入，充分搅动让原料混合均匀、质地一致。

4 黄油涂抹在布丁碗内壁，把混合好的布丁料倒入，抹平表面，用2层烤盘纸、1层锡纸依次包裹碗口，用细绳系紧碗口。布丁碗放入敞口深锅中，加水至布丁碗的一半高度，上火加热，保持微开，蒸8~10小时。

5 其间需要不时查看，保持锅内水的高度。布丁传统的吃法是就食白兰地黄油、奶油或者软冻。

保存心得：如果密闭良好，这个布丁可以在阴凉处存放1年之久。

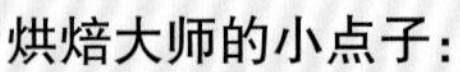

烘焙大师的小点子：
在长时间蒸煮食物时，要特别注意避免锅中水太少甚至干锅的情况出现，不仅不安全，而且影响成品口感。避免的方法有二：一是设定定时器，保证有规律地定时查看；二是在锅中放入一个大理石小球，水面一低，它就会跳，不断撞击锅的内壁，叫人速速来添水。

史多伦——德式圣诞甜面包

充满了香甜果干的德式面包，在欧洲被视为圣诞果味蛋糕、圣诞布丁和馅饼的替代品，给传统假日带来新鲜情调。

食用人数：12人　准备时间：30分钟　烘烤时间：50分钟　冷冻保存时间：4周

提前准备：
果干需要浸泡过夜

发酵时间：
120~180分钟

原料：
200克葡萄干
100克红莓干
100毫升朗姆酒
400克白高筋粉，多备少许，装点用
2茶匙干酵母
60克细砂糖
100毫升牛奶
1/2茶匙香草精
1小撮盐
1/2茶匙混合香料
2个大鸡蛋
175克无盐黄油，室温软化，切丁
200克混合蜜饯果皮，切碎
100克杏仁粉
糖粉，装饰用

做法详解：

1 把葡萄干和红莓干一起放入一个大碗中，用朗姆酒浸泡过夜。

2 次日，高筋粉过筛到盆中，中央挖个小坑，干酵母撒入小坑内，加入1茶匙糖。牛奶加热到微温，倒入面粉中央的干酵母上，室温静置15分钟，让干酵母发酵。表面起泡即可。

3 把余下的糖、香草精、盐、混合香料、鸡蛋、黄油依次加入盆中，用木勺搅拌均匀后，用手揉约5分钟，到面团表面光洁有弹性。

4 面团移到案板上，逐渐把蜜饯果皮、葡萄干、红莓干揉入，最后加入杏仁粉。到原料完全混匀、面团再次光洁有弹性时，放回大盆中，表面松松地盖上一层保鲜膜，在温暖处发酵60~90分钟。面团体积翻倍即可。

5 预热烤箱至160℃／燃气3，取一个烤盘，铺好烤盘纸。在案板上把发好的面团揉成一个大约30厘米×25厘米的长方块，顺长把一边向中间折回至中线，另一边揭起，超过中线、盖在折回的面片上。翻转面团，把它整理成长条椭圆状后，移入烤盘内，在温暖处再次发酵60~90分钟，体积再次翻倍。

6 放入烤箱烤制50分钟，到面团充分膨胀、表面颜色发黄。烤制30~35分钟要检查一下，如果表面已经金黄，就要用锡纸盖上继续烤制，以免表面烤焦。取出后在烤网上完全冷却。食用时撒上足量的糖粉。

保存心得： 可放入密闭容器，在阴凉处存放4天。

烘焙大师的小点子：
用料中的果干可以充分发挥想象或使用存货，随心组合。还可以给面包添加夹心，夹心料可选择杏仁蛋白软糖或者杏仁奶油等。隔夜的面包切片烤过，抹上黄油，就是简单可口的早餐。

史多伦——德式圣诞甜面包

栗子泥巧克力夹心蛋卷

这个大蛋卷以巧克力蛋糕为主体，奶油栗子泥为夹心，口感绵软，夹心滑腻。是冬日宴客之上选。

食用人数：8~10人　准备时间：50~55分钟　烘烤时间：5~7分钟　冷冻保存时间：无夹心的蛋糕可冷冻存放8周

所需工具：
30厘米×38厘米（12英寸×15英寸）的长方形瑞士蛋卷模，裱花袋和星形裱花嘴

原料：
黄油少许，涂油层用
35克可可粉
1汤匙普通面粉
1小撮盐
5个鸡蛋，蛋黄、蛋白分离
150克细砂糖

夹心用料：
125克栗子泥
2汤匙黑朗姆酒
175毫升浓奶油
30克优质黑巧克力，切碎
细砂糖，多备少许，调味用

装饰用料：
50克细砂糖
2汤匙黑朗姆酒
125毫升浓奶油
黑巧克力，用蔬果削皮刀削成碎屑

1 预热烤箱至220℃ / 燃气7。烤模底部涂油并铺好烤盘纸。

2 可可粉、面粉和盐一起过筛到盆中为干料，放一旁待用。

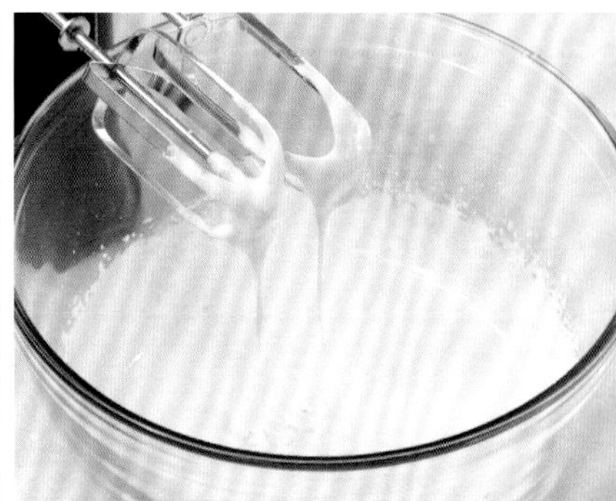

3 2/3的细砂糖和蛋黄放入玻璃盆中，击打至混合物质地发白、取出搅拌器可拖出蝴蝶状尾巴。

4 另取一个盆击打蛋白，成型后加入余下的1/3的糖继续击打，直到有光泽。

5 把干料的1/3再次过筛，加到蛋黄混合物中，随之加入1/3的蛋白。

6 用金属勺轻快搅匀。接着分两次把余下的干料和蛋白交替加入，做成蛋糕糊。

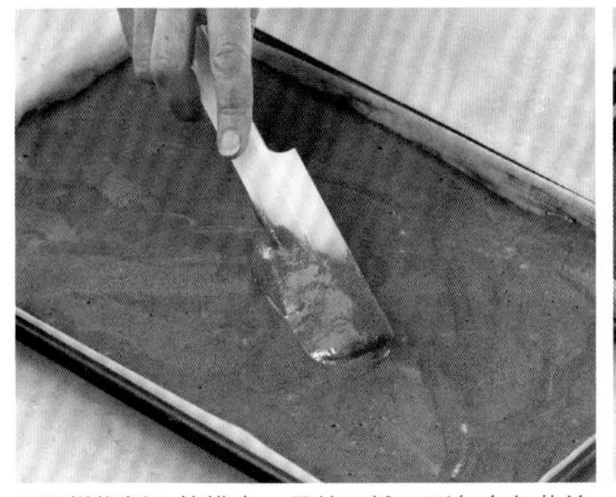

7 蛋糕糊倒入烤模中，用抹刀摊开到每个角落并抹平表面。

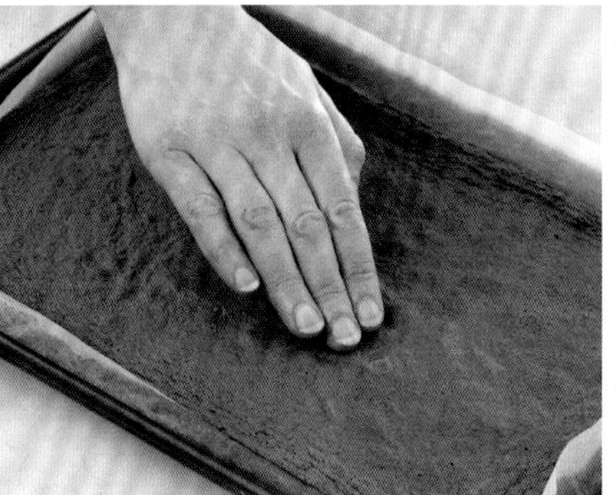

8 入烤箱下部，烤制5~7分钟。见蛋糕鼓起，手指按压坚实有弹性时，蛋糕就烤好了。

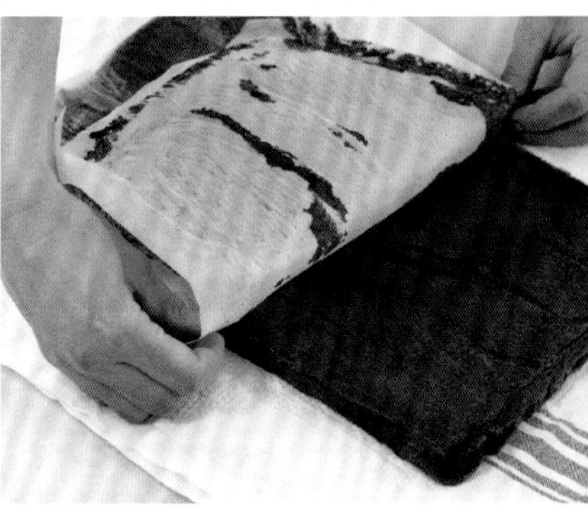

9 从烤箱中取出蛋糕模，倒扣在一块潮湿的餐巾上，小心地撕下烤盘纸。

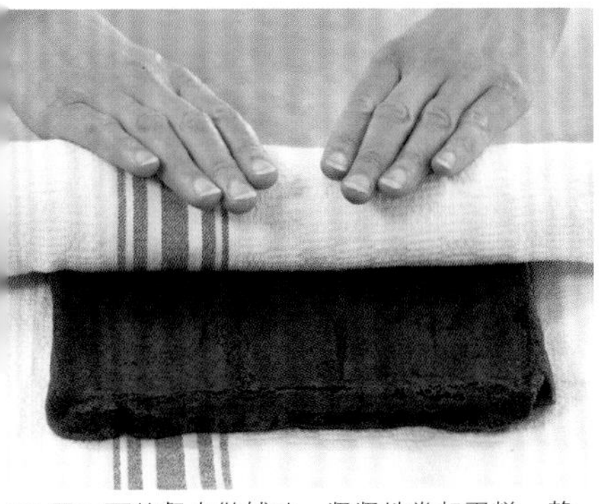

10 用下面的餐巾做辅助，紧紧地卷起蛋糕，静置冷却。

11 栗子泥放入碗中，加入2汤匙朗姆酒。另一个碗中搅打浓奶油直到膨松柔软。

12 用隔水加热法或微波炉加热法熔化黑巧克力，搅入栗子泥中。

13 把搅打的奶油和巧克力栗子泥一起混合。如果觉得甜度不够，可以加一些细砂糖调味。夹心馅就做好了。

14 小锅中加入50克细砂糖和4汤匙水，上火加热大约1分钟，糖溶化后离火，把2汤匙朗姆酒搅入，做成朗姆糖水。

15 蛋卷松开，用刷子把朗姆糖水刷在蛋糕表面，然后用抹刀把夹心馅均匀地涂抹其上。

16 重新卷起蛋糕，手法类似卷起寿司，要轻重有度，准确整齐，尽量卷紧。

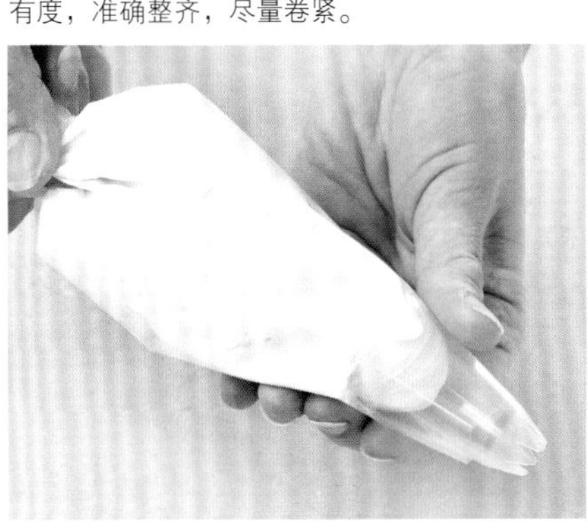

17 搅打浓奶油直到成型起硬，装入裱花袋，安上裱花嘴。

18 卷起的蛋卷接合处朝下，摆放在甜点盘中，如果需要，用面包刀把两头切整齐。裱花袋挤出花型装饰在蛋卷上，最后把黑巧克力碎屑撒上即大功告成。最好当日食用。

巧克力大蛋卷的花样翻新

原木巧克力蛋卷

又是一个圣诞经典。原料中的特色之选是黑巧克力和覆盆子果酱。

食用人数：10人　准备时间：30分钟　烘烤时间：15分钟　冷冻保存时间：24周

所需工具：
20厘米×28厘米（8英寸×11英寸）的长方形瑞士蛋卷模

原料：
3个鸡蛋
85克细砂糖
85克普通面粉
3汤匙可可粉
1/2茶匙泡打粉
糖粉，装点用
200毫升浓奶油
140克黑巧克力，切碎
3汤匙覆盆子果酱

做法详解：

1 预热烤箱至180℃ / 燃气4。烤模底部铺好烤盘纸。

2 细砂糖、鸡蛋和1汤匙水一起放入玻璃盆中，用电动搅拌器击打约5分钟，此时混合物质地细腻，颜色发白。可可粉、面粉、泡打粉一起过筛加入，动作轻快地混匀即成蛋糕糊。

3 蛋糕糊倒入烤模中，用抹刀摊开、抹平。入烤箱烤制15分钟左右，手指按压有弹性时，蛋糕就烤好了。取一张尺寸大于蛋糕模的烤盘纸，小心地把蛋糕倒扣出模，底朝上放置在烤盘纸上，小心地撕下蛋糕底部的烤盘纸。用下面垫着的烤盘纸辅助，卷起蛋糕，手法类似卷起寿司，要轻重有度，准确整齐。让蛋糕自然冷却。

4 制作巧克力奶油酱。奶油入小锅，加热煮开后离火。把巧克力放入，不断搅动，让巧克力完全熔化。巧克力奶油酱随着温度的降低质地会变厚。

5 卷起的蛋糕松开摊平，先把覆盆子果酱刷在表面，取1/3的巧克力奶油酱用抹刀均匀地抹到覆盆子果酱之上，再次把蛋糕卷起，蛋卷接合处朝下，摆放在甜点盘中。用余下的巧克力奶油酱覆盖整个蛋卷，用叉子刻画出如同大树树干纹理样的图案，在两端画出圆圈代表年轮，把糖粉撒在表面即可享用。

保存心得： 可密闭冷藏存放2天。

杏仁饼干巧克力蛋卷

压碎的杏仁饼干经常用来做蛋卷的夹心，这简便的选择给松软的蛋卷增加了香脆的口感，二者相得益彰。

食用人数：6~8人　准备时间：25~30分钟　烘烤时间：20分钟　冷冻保存时间：无夹心的蛋糕可冷冻存放8周

所需工具：
20厘米×28厘米（8英寸×11英寸）的长方形瑞士蛋卷模

原料：
6个大鸡蛋，蛋黄、蛋白分离
150克细砂糖
50克可可粉，多备少许，装点用
糖粉，装点用
300毫升浓奶油或可搅打奶油
2~3汤匙白兰地或者杏仁利口酒
20块杏仁饼干，压碎成渣，多备2个装饰用
50克黑巧克力

做法详解：

1 预热烤箱至180℃ / 燃气4。烤模底部铺好烤盘纸。细砂糖、蛋黄一起放入耐热玻璃碗中，碗放入微火加热、保持微微沸腾的热水锅中，用电动搅拌器击打约10分钟，到混合物质地细腻，颜色发白。离火待用。另取一个碗击打蛋白，直到质地轻盈能够成型。

2 把可可粉过筛加入蛋黄碗中，再把蛋白加入，轻快掺匀成蛋糕糊。蛋糕糊倒入烤模中，用抹刀摊开、抹平，入烤箱烤制20分钟左右，手指按压紧实即可。取出后稍凉几分钟。取一张尺寸大于蛋糕模的烤盘纸，撒上糖粉，小心地把蛋糕倒扣出模，底朝上放置在烤盘纸上，小心地撕下用过的烤盘纸。冷却30分钟。

3 击打奶油直到滑腻松软、成型。把蛋糕不够整齐的边角切去，杏仁利口酒或者白兰地均匀地淋在蛋糕表面，击打过的奶油均匀地抹在蛋糕上，再把压碎的杏仁饼干碎撒在奶油之上，最后把黑巧克力擦末，留出1汤匙，其余撒在奶油及饼干碎上。

4 选择较短的一侧，用底下的烤盘纸辅助，小心卷起蛋糕，尽量卷整齐、紧致。蛋卷接合处朝下，摆放在甜点盘中。杏仁饼干碎、糖粉、可可粉、留出的黑巧克力末先后撒在蛋糕上、盘中做装饰，蛋卷就做好了。建议当天食用，不宜久置（成品效果可参见右图）。

奶油甜酱巧克力蛋卷

这个简单易做的蛋卷特别受孩子们的欢迎。如果近期有亲友家宝贝过生日，就亲自动手烤这么一个蛋糕吧。装满盈盈爱意，是一份别致的礼物哦。

食用人数：8~10人　准备时间：20~25分钟　烘烤时间：10分钟

所需工具：
20厘米×28厘米（8英寸×11英寸）的长方形瑞士蛋卷模

原料：
3个大鸡蛋
75克细砂糖
50克普通面粉
25克可可粉，多备少许，装点用
75克黄油，室温软化
125克糖粉

做法详解：

1 预热烤箱至200℃ / 燃气6。烤模底部铺好烤盘纸。细砂糖、鸡蛋一起放入耐热玻璃碗中，碗放入微火加热、保持微微沸腾的热水锅中，用电动搅拌器击打5~10分钟，此时混合物质地细腻，颜色发白。离火稍凉后，把可可粉、面粉过筛加入，动作轻快地混匀即成蛋糕糊。

2 蛋糕糊倒入烤模中，用抹刀摊开、抹平。入烤箱烤制10分钟左右，手指按压有弹性时，蛋糕就烤好了。取出后，用一块潮湿的餐巾覆盖，静置待其完全冷却。取一张尺寸大于蛋糕模的烤盘纸，撒上可可粉，小心地把蛋糕倒扣出模，底朝上放置在烤盘纸上，小心地撕下蛋糕上的烤盘纸。

3 击打黄油直到滑腻松软，继续击打，同时分批把糖粉全部加入做成夹心。用抹刀把夹心料均匀地铺在蛋糕上，小心卷起，尽量卷得整齐、紧致。蛋卷接合处朝下，摆放在甜点盘中，即可享用。

保存心得： 可密闭冷藏存放3天。

黑森林大蛋糕

这款蛋糕不论外观还是味道，都堪称一流，霸气十足，会给任何的节庆增加隆重豪华的气氛。

食用人数：8人　准备时间：55分钟　烘烤时间：40分钟　冷冻保存时间：4周

所需工具：
直径23厘米（9英寸）的圆形活底蛋糕模
裱花袋和星形裱花嘴

原料：
85克无盐黄油，室温软化，多备少许，涂油层用
6个鸡蛋
175克金色细砂糖
125克普通面粉
50克可可粉
1茶匙香草精

夹心及装饰用料：
2听425克的罐头装无核黑樱桃，沥干，一半大致切碎；6汤匙听中的汁液
4汤匙樱桃酒
600毫升浓奶油
150克黑巧克力，擦末

1 预热烤箱至180℃ / 燃气4，在蛋糕模内壁、底部铺烤盘纸。

2 细砂糖和鸡蛋一起放入耐热玻璃盆中。选一个敞口锅，锅口直径略大于玻璃盆底。

3 锅中加入半锅水，煮开后改小火保持微微沸腾。把玻璃盆放在锅上。

4 用电动搅拌器击打鸡蛋和糖，到混合物质地稠厚、颜色发白，把搅拌器取出可以拖出长长的尾巴时，离火。

5 继续击打5分钟，感觉到玻璃盆的温度明显降低即可。

6 面粉和可可粉一起过筛加入盆中，用抹刀轻快地掺匀。

7 掺入香草精和黄油，做成蛋糕糊。倒入准备好的蛋糕模中，抹平表面。

8 入烤箱烤制40分钟，蛋糕中央升起、周边回缩就好了。

9 蛋糕出模。揭下烤盘纸，用干净的餐巾覆盖，放在烤网上冷却。

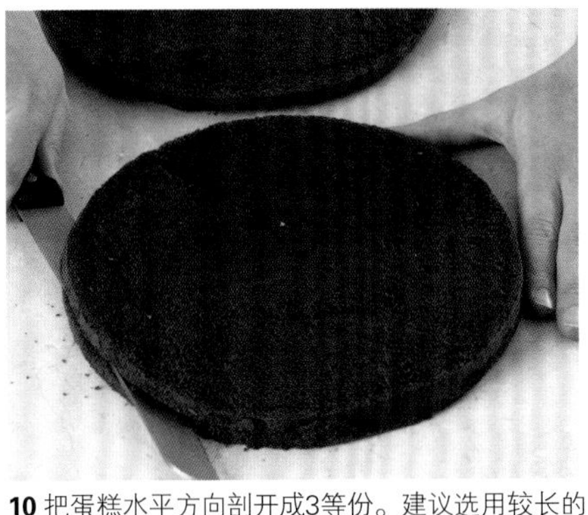

10 把蛋糕水平方向剖开成3等份。建议选用较长的锯齿状面包刀，前后水平小幅度摇动，耐心操作。

11 混合樱桃罐头汁液和樱桃酒，分成3份，分别淋在3块蛋糕上。

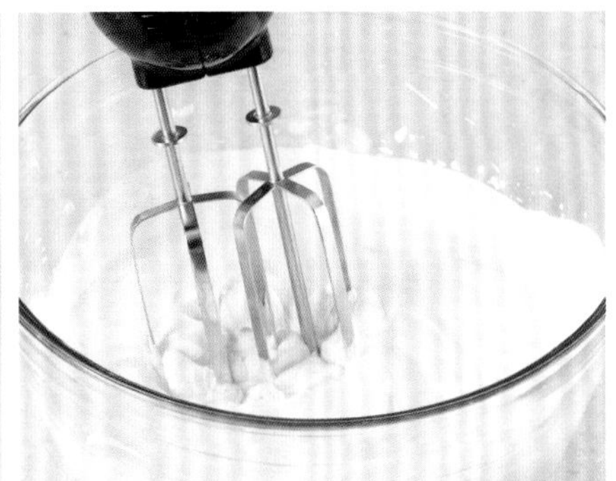

12 制作夹心。另取一个盆搅打奶油，到奶油成型却又不发干。

13 第一块蛋糕放在甜点盘中，抹上一层搅打的奶油，切碎的樱桃取一半撒在奶油之上。

14 把第2块蛋糕放上，重复操作：抹奶油、撒上一半的樱桃碎。把第3块蛋糕切面朝下摆好。轻轻压实。

15 用奶油在蛋糕周围涂抹一层，余下的奶油装入裱花袋。

16 用抹刀协助，把擦成碎屑的黑巧克力粘在蛋糕周围的奶油上，要把白色奶油全部覆盖。

17 用裱花袋挤出花样，布置在蛋糕上，把整颗的樱桃摆在其间，大名鼎鼎的黑森林蛋糕就做好了。

18 把余下的黑巧克力碎屑搜集起来，撒在挤出的白色奶油花型上，即可切斜角块享用。

保存心得： 可以在冰箱中冷藏保存3天。

奶油大蛋糕的花样翻新

德式奶油奶酪夹心蛋糕

这个德式蛋糕像是奶酪蛋糕和海绵蛋糕结合而成的。它可以提前3天做好，在冰箱中冷藏，需要时取出简单装饰并食用，是应付忙碌聚会的有力武器。

食用人数：8~10人　准备时间：40分钟　烘烤时间：30分钟

冷藏定型时间：
至少180分钟，最好过夜

所需工具：
直径23厘米（9英寸）的图形活底蛋糕模

原料：
150克无盐黄油，室温软化，多备少许，涂油层用（可用人造奶油代替）
225克细砂糖
3个鸡蛋
150克自发粉
1茶匙泡打粉
2个柠檬，皮擦细末，汁榨出待用
1个柠檬，皮刮成细条，装饰用
8.5克食用明胶
250毫升浓奶油
250克德国夸克干酪
糖粉，装饰用

做法详解：

1 预热烤箱至180℃／燃气4。烤模内部涂油层、底部铺好烤盘纸。

2 取150克细砂糖和黄油一起用电动搅拌器击打到滑腻柔软。逐个加入鸡蛋，注意混合均匀后再加入下一个。混合物质地细腻、颜色发白时，把自发粉和泡打粉过筛加入，放入一半的柠檬皮细末，动作轻快地混匀成蛋糕糊。蛋糕糊倒入烤模中，用抹刀摊开、抹平。入烤箱烤制30分钟左右，蛋糕鼓起、手指按压有弹性时，蛋糕就烤好了。取出后，放置在烤网上，横向剖开分半，继续凉透。

3 制作夹心。明胶放入一小碗冷水中，停留几分钟后，明胶会变柔软。与此同时，小锅加热柠檬汁到温热，把泡软的明胶捞出，挤干水分后放入柠檬汁中。不断搅动，让明胶完全溶化。静置冷却。

4 击打奶油直到滑腻松软，加入夸克干酪、余下的一半柠檬皮细末和细砂糖，最后加入放了明胶的柠檬汁，继续击打到混合均匀。

5 把夹心料均匀地铺在下面的一半蛋糕上，盖上上面的一半，轻轻压实。用保鲜膜包裹，入冰箱冷藏至少180分钟，最好过夜。食用时，摆放在甜点盘中，撒入糖粉和柠檬皮细条，切块享用。

保存心得： 可预先制作，在冰箱中冷藏保存3天。食用时再做最后的装饰。

烘焙大师的小点子：
如果找不到夸克干酪，可以用其他的低脂乡村奶酪来替代。如果需要，事先用食物料理机处理成软膏状。

巴伐利亚覆盆子奶油蛋糕

最好在覆盆子丰收的盛夏初秋制作这款蛋糕，保证口感最佳。

食用人数：8人 准备时间：55~60分钟 烘烤时间：20~25分钟

冷藏定型时间：
不少于4小时

所需工具：
直径23厘米（9英寸）的圆形活底蛋糕模

原料：
60克无盐黄油，多备少许，涂油层用
125克普通面粉，多备少许，装点用
1小撮盐
4个鸡蛋，打散
135克细砂糖
2汤匙樱桃酒

覆盆子奶油夹心用料：
500克覆盆子
3汤匙樱桃酒
200克细砂糖
250毫升浓奶油
1升牛奶
1个香草荚，剖开；或者2茶匙香草精
10个蛋黄
3汤匙玉米淀粉
10克食用明胶

做法详解：

1 预热烤箱至220℃／燃气7。烤模内部涂油层、底部铺好烤盘纸。均匀撒入2~3汤匙的面粉。加热熔化黄油，静置冷却。鸡蛋和糖另碗放置，用电动搅拌器击打5分钟。

2 把面粉和盐过筛，先取1/3加入鸡蛋混合物中搅匀，余下的分2次掺入并且混匀。冷却的黄油液倒入，动作轻快地搅拌均匀成蛋糕糊。蛋糕糊倒入烤模中，用抹刀摊开、抹平。入烤箱烤制20~25分钟，蛋糕鼓起、手指按压有弹性时，蛋糕就烤好了。

3 蛋糕出模后，放置在烤网上，揭去烤盘纸，如果表面和周围不平整，就先处理一下，再横向剖开分半，继续自然凉透。把蛋糕模清洗、擦干，再次涂油层，取一半的蛋糕放入模中，淋上1汤匙樱桃酒。

4 用电动搅拌器把3/4的覆盆子处理成果泥，压过滤网去除结块，加入1汤匙樱桃酒、100克糖，放入大碗中搅匀待用。搅打奶油到柔软膨松，能够成型。

5 如果选用香草荚，此时牛奶和香草荚一起放入小锅，小火加热，直到煮开。离火，加盖，温暖处静置10~15分钟，让香草荚出味。然后捞出香草荚，1/4的牛奶留作他用，余下的3/4中加入余下的糖，再次上火加热，搅动，让糖完全溶化。

6 另取一个盆击打蛋黄和玉米淀粉，同时慢慢注入热牛奶，混合物光滑成一体时，一起倒回小锅中，中火加热，加盖并不时搅动，将开未开之际，搅入步骤5留出的1/4的牛奶。如果选用香草精的话，此时加入。香草软冻就做好了。

7 香草软冻均分到2个碗中。第1碗，搅入2汤匙樱桃酒，另放，就食蛋糕用。小锅中加入4汤匙水，撒入明胶，静置5分钟让明胶软化，然后上火加热，明胶完全溶化后，和第2碗香草软冻一起，加入到覆盆子泥中。

8 盛放覆盆子泥的盆放入一锅冰水中，不断搅动，让其冷却、稠厚。取出来，把步骤4搅打好的奶油掺入，夹心就做好了。把一半的夹心料舀入蛋糕模中淋过樱桃酒的一半蛋糕上，放入一些整颗的覆盆子，再把余下的夹心料加上，抹平。

9 另一半蛋糕切面朝上，淋上1汤匙樱桃酒，朝下盖到夹心上，轻轻压实。用保鲜膜把整个蛋糕模包好，至少在冰箱中冷藏4小时来定型。食用时，蛋糕出模放置于甜点盘中，余下的整颗覆盆子摆在蛋糕顶部。切块，和步骤7做好的酒香香草软冻一起享用。

保存心得： 可预先制作，在冰箱中冷藏保存2天。食用时提前1小时取出，做最后的装饰即可。

德式传统蜂蜇蛋糕

相传烘焙师在制作这款蛋糕时由于选用了极好的蜂蜜，竟然诱来了蜜蜂被蜇了。

食用人数：8~10人　准备时间：20分钟　烘烤时间：20~25分钟

发酵时间：
65~80分钟

所需工具：
直径20厘米（8英寸）的圆形蛋糕模

原料：
140克普通面粉，多备少许，装点用
15克无盐黄油，室温软化后切丁，多备少许，涂油层用
1/2汤匙细砂糖
1.5茶匙干酵母
1小撮盐
1个鸡蛋
适量蔬菜油，涂油层用

顶部装饰料：
30克黄油
20克细砂糖
1汤匙蜂蜜
1汤匙浓奶油
30克烤熟的杏仁片
1茶匙柠檬汁

夹心用料：
250毫升全脂牛奶
25克玉米淀粉
2个香草荚，剖开、去籽
60克细砂糖
3个蛋黄
25克无盐黄油，切丁

做法详解：

1 面粉过筛到盆中，放入黄油丁、糖、干酵母、盐，搅拌后打入鸡蛋，再加入适量温水，用手揉成一个柔软的面团。

2 面团移到撒了面粉的案板上继续揉5~10分钟，至面团光滑柔软，有弹性、有光泽。放入干净的、抹了蔬菜油防粘的大盆中，用保鲜膜盖好，在温暖处发酵45~60分钟。发好的面团体积应该翻倍。

3 烤模内部涂油层、底部铺好烤盘纸。完成发酵的面团取出，擀开成大小合适的圆片，放入烤模中。用保鲜膜盖好，再次发酵20分钟左右。

4 制作顶部装饰料。小锅中微火加热黄油、糖、蜂蜜和奶油，糖完全溶化后调高火力煮开并保持3分钟。离火后把柠檬汁和杏仁片加入。静置冷却待用。

5 预热烤箱至190℃／燃气5。小心地把步骤4做好的装饰料摊开到蛋糕模中的面团上，然后盖好保鲜膜，放回原位继续发酵10分钟。蛋糕模放入烤箱，烤制20~25分钟，如果表面很早变黄，就松松地盖上一块锡纸，继续烤制。蛋糕烤好出炉后在模中停留30分钟再出模，在烤网上冷却。

6 制作奶油夹心。选用一个厚底锅，放入牛奶、玉米淀粉、香草籽、香草荚、一半的糖，用小火加热。另取一个碗，打发蛋黄和余下的糖，打匀后，一边慢慢注入厚底锅中的热牛奶里，一边击打混合物，直到即将沸腾。离火。

7 事先准备好一个敞口锅，锅中加冷水，离火后的厚底锅立刻浸入敞口锅中，捞出香草荚、香草籽。等混合物冷却到室温时，把黄油加入，击打到光滑并且有光泽，香草奶油夹心就做好了。

8 蛋糕横向剖开成两半，把夹心料全部足量加入，组合成夹心蛋糕，转移到甜点盘中，即可上桌享用。

烘焙大师的小点子：

这个传统德式蛋糕，一般使用配方中的香草奶油夹心，它芳香清雅、滑而不腻，是上佳的夹心之选。但是，如果觉得过程烦琐，也可以直接打发浓奶油作为夹心，别忘了加上1~2滴香草精，它会给整个蛋糕增色加分。

咕咕霍夫果仁蛋糕

这款经典的蛋糕，使用了葡萄干和杏仁片，如果喜欢，可以撒上糖粉享用更为香甜的口感。

成品数量：1个环形蛋糕　准备时间：45~50分钟　烘烤时间：45~50分钟　冷冻保存时间：8周

发酵时间：
120~150分钟

所需工具：
容量1升的环形蛋糕模

原料：
150毫升牛奶
2汤匙粗糖
150克无盐黄油，切丁，多备少许，涂油层用
1汤匙干酵母
500克白高筋粉
1茶匙盐
3个鸡蛋，打散
90克葡萄干
60克脱皮杏仁片，大致切碎，同时保留7整颗杏仁
糖粉，就食用

做法详解：

1 牛奶用小锅煮开，舀出4汤匙到碗中。糖和黄油一起加入锅中剩余的牛奶中，不断搅动，让糖和黄油溶化、融合。静置放凉。

2 待碗中的牛奶冷却到温和，把干酵母撒入，搅动一下，等待5分钟让酵母自然发酵。高筋粉和盐过筛到盆中，加入酵母水、鸡蛋和小锅中放凉的牛奶黄油液。

3 耐心搅拌混合物，用手和成一个光滑的面团，揉5~7分钟，面团非常有弹性、粘手时，用潮湿的餐巾盖好，放置在温暖处发酵60~90分钟。发好的面团体积应该翻倍。

4 烤模内部用黄油涂过，放入冰箱冷藏约10分钟，让黄油层凝固；取出再刷上一层黄油并重复冷藏操作。与此同时，用开水把葡萄干泡上。

5 完成发酵的面团取出，捶击压出空气。沥干葡萄干中的水，留出一小把（七八颗），余下的和切碎的杏仁片一起揉入面团中，整理成和烤模大小吻合的环形。

6 先把留出来的葡萄干和整颗的杏仁不规则地、均匀地摆放在烤模底部，再把整理好的面团放进去。用餐巾盖好，再次放置于温暖处发酵30~40分钟。预热烤箱至190℃ / 燃气5。

7 注意查看面团的情况，等面团略微高出烤模沿时，即可开始烤制。烤制45~50分钟，蛋糕表面金黄、膨松，周围从蛋糕模的边沿缩回时，就可以取出了。如果表面很早变黄，就松松地盖上一块锡纸，继续烤制。蛋糕烤好出炉后在模中稍微停留，出模后放在烤网上冷却。食用前转移到甜点盘中，撒上糖粉，即可享用。

保存心得：可用真空保鲜袋密闭存放3天。

烘焙大师的小点子：
烤制前，咕咕霍夫的面团会非常粘手。此时烘焙者的第一反应就是添加面粉。但是，请住手！制作这款蛋糕，必须抑制自己添加面粉的念头，否则做成的蛋糕会失去松软的特点，变得死硬。

咕咕霍夫果仁蛋糕

栗香千层酥

这款蛋糕其实做起来并不难，只是耗时，还可以提前做好冷藏待用呢。

食用人数：8人 准备时间：60分钟 烘烤时间：25~30分钟

冷藏定型时间：
60分钟

原料：
375毫升牛奶
4个蛋黄
60克粗糖
3汤匙普通面粉，过筛
2汤匙黑朗姆酒
600克泡芙酥皮
250毫升浓奶油
500克香草糖栗子，切碎
45克糖粉，多备少许

1 小锅中加热牛奶，煮开后立即离火。

2 盆中放入蛋黄和粗糖，用电动搅拌器击打2~3分钟，混合物质地稠厚即可。将混合物搅入面粉中。

3 逐渐地把牛奶加入，不断击打，让混合物的质地均匀滑腻。接着倒回煮牛奶的锅中。

4 加热，同时不断击打，直到混合物质地浓缩、颜色发黄。煮开后换微火，继续击打慢煮2分钟。

5 如果这个过程中有结块形成，处理办法是暂时把锅离火，击打去除结块后再挪回火上。

6 小锅离火静置。把朗姆酒搅入，移入碗中，用保鲜膜盖严，在冰箱中冷藏60分钟以定型。

7 预热烤箱至200℃／燃气6。烤盘中均匀地洒上些冷水。

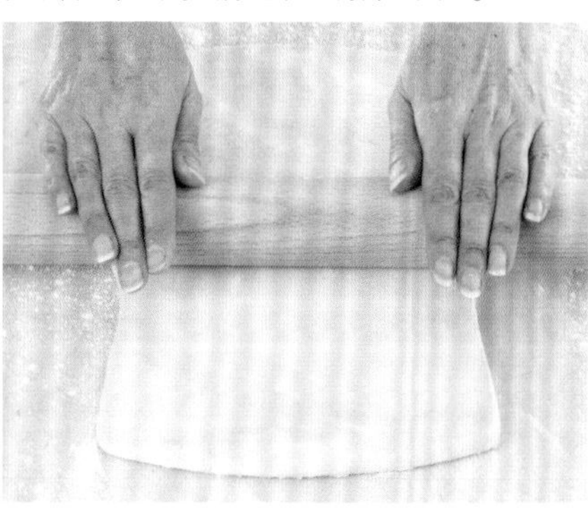

8 把买来的现成的酥皮擀开，比烤盘略微大一些，厚度大约3毫米。

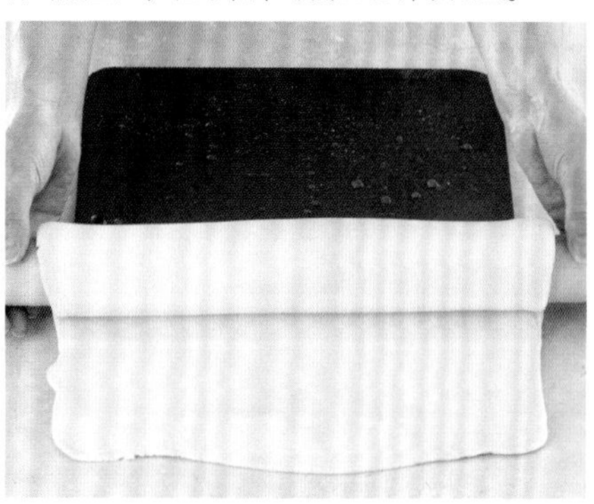

9 用擀面杖把酥皮面片卷起，从烤盘一侧展开，让多出的面片覆盖烤盘的边缘。

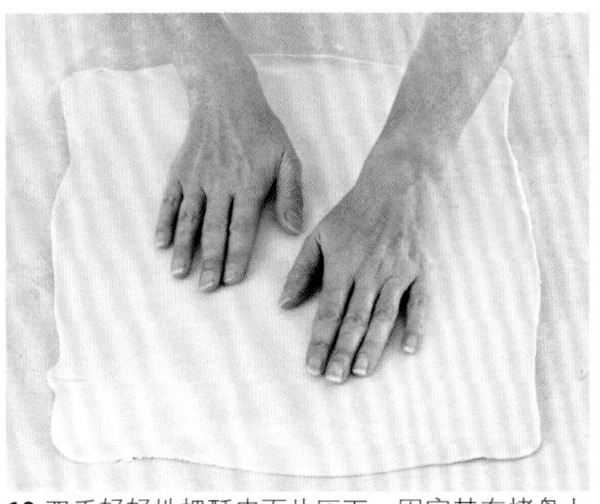

10 双手轻轻地把酥皮面片压下，固定其在烤盘上的位置。放入冰箱冷藏定型15分钟。

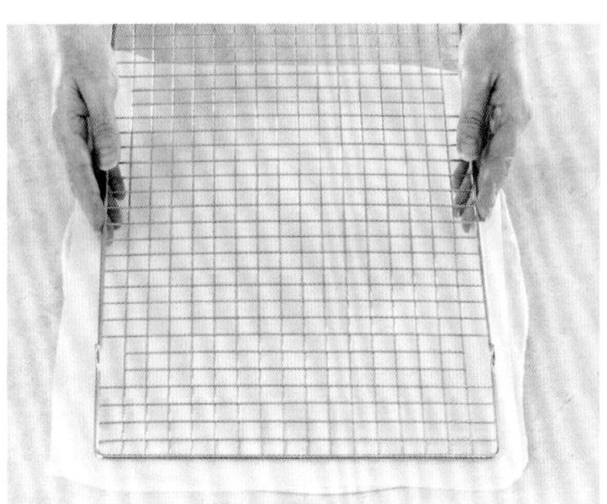

11 用叉子在面片上扎出小眼，用烤盘纸盖上，把一个烤网压在上面。

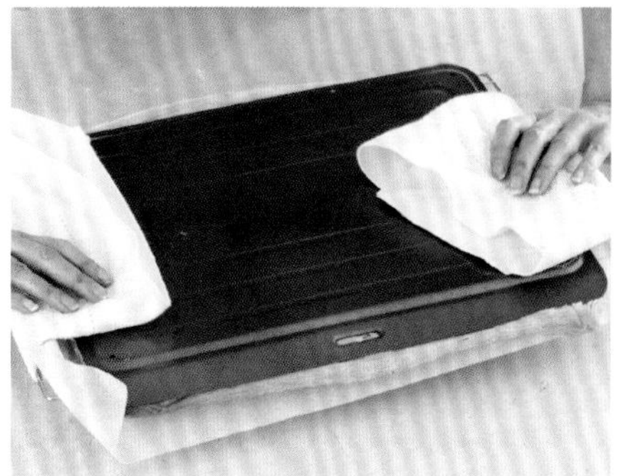

12 入烤箱烤制15~20分钟。取出后烤网拿开，烤盘纸揭下。预先准备一大张烤盘纸铺在台面上，烤好的酥皮倒扣其上。

13 小心操作，把烤盘塞到酥皮下面，或两个人拉紧垫着的烤盘纸，把酥皮抬到烤盘中，放入烤箱继续烤10分钟。

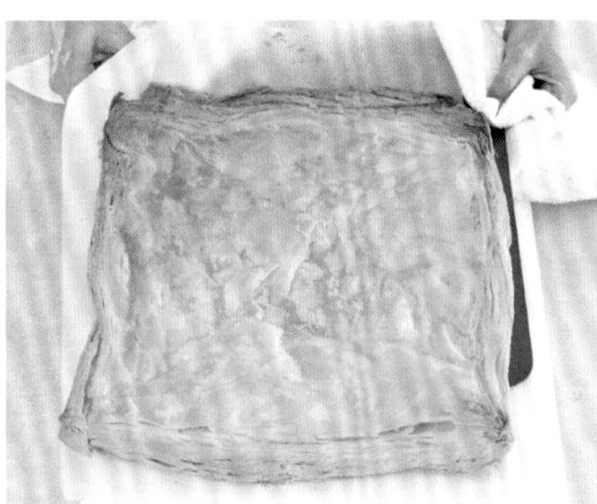

14 取出后，把酥皮转移到案板上。

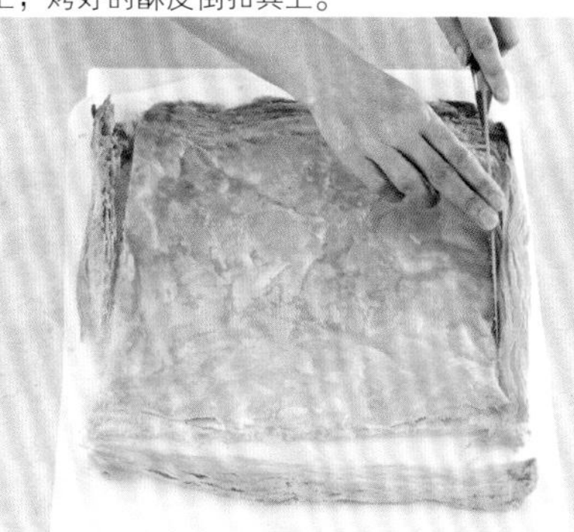

15 趁热用一把尖利的切刀把酥皮四边修理齐整。

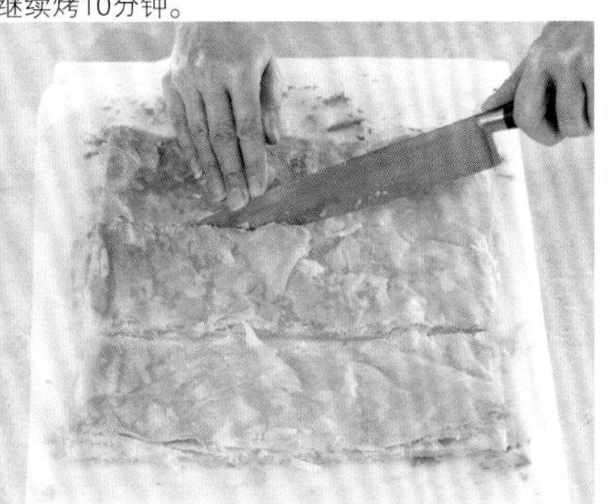

16 顺长把酥皮切成大小相同的3块。冷却。

17 搅打奶油，要搅打到偏硬的程度。

18 用金属勺把步骤6做好冷藏的奶冻舀到打发的奶油中，并且掺匀。夹心做好了。

19 用抹刀把一半的夹心均匀地抹到其中一块酥皮上。

20 取一半的香草糖栗子碎撒在夹心上，盖上第2块酥皮。重复操作加上夹心和栗子碎，最后把第3块酥皮盖上，轻轻压下压实。

21 把糖粉过筛到做好的蛋糕上，食用时切块即可。

千层酥的花样翻新

巧克力千层酥

金黄松脆的起酥夹着棕黑香滑的巧克力夹心，白色巧克力做点缀，不经意地让蛋糕生动起来，仿佛敲动了的叮叮咚咚的琴弦。

食用人数：8人　准备时间：120分钟　烘烤时间：25~30分钟

冷藏定型时间：
60分钟

原料：
1份起酥奶冻，参见第92页操作步骤1~6
2汤匙白兰地
600克泡芙酥皮
375毫升浓奶油
50克黑巧克力，熔化并放凉
30克白巧克力，熔化并放凉

做法详解：

1 做好的起酥奶冻中加入白兰地搅匀，移入碗中，用保鲜膜盖严，放入冰箱冷藏定型60分钟。预热烤箱至200℃／燃气6。

2 烤盘中均匀地洒上些冷水。把现成的酥皮擀开，比烤盘略微大一些。用擀面杖把酥皮面片卷起铺入烤盘，让多余的面片垂在烤盘边缘，用手指轻轻地把酥皮面片压下，固定其在烤盘上的位置。放入冰箱冷藏定型15分钟。取出后用叉子在面片上扎出小眼，用烤盘纸盖上，把一个烤网压在上面。入烤箱烤制15~20分钟。取出后把烤网拿开，烤盘纸揭下。预先准备一大张新烤盘纸，把烤好的酥皮倒扣其上，重新放回烤盘，入烤箱继续烤10分钟。取出后，把酥皮移到案板上，用一把锋利的切刀趁热把酥皮四边修理齐整，随后顺长把酥皮切成大小相同的3块。静置冷却。

3 搅打浓奶油，要搅打到偏硬的程度。用金属勺把冷藏着的起酥酒香奶冻舀到打发的浓奶油中，加入2/3的黑巧克力液掺匀，夹心就做好了，保鲜膜包好后再次入冰箱冷却。把余下的黑巧克力液涂在第1块酥皮上，静置让巧克力凝固。

4 待巧克力凝固后，取出冷藏的夹心料，取一半抹在第2块酥皮上，第3块酥皮盖上，另一半夹心抹在第3块酥皮上，把第一块酥皮有巧克力的一面朝上，放在夹心上，蛋糕即组合完毕。

5 把白巧克力液用裱花袋装起来（或者用勺子舀起），线条状随意淋在蛋糕上的黑巧克力表面。

保存心得： 可预先制作，在冰箱中冷藏保存6小时。但不宜过夜，建议当日食用。

果酱夹心千层酥

经典的酥皮夹着软冻和果酱做成的夹心，简洁却不简单。

食用人数：6人　准备时间：120分钟　烘烤时间：25~30分钟

冷藏定型时间：
60分钟

所需工具：
小号裱花袋和小号裱花嘴

原料：
250毫升浓奶油
1份起酥奶冻，参见第92页操作步骤1~6
600克泡芙酥皮
100克糖粉
1茶匙可可粉
1/2罐草莓或者覆盆子果酱

做法详解：

1 搅打浓奶油，要搅打到起硬的程度。用金属勺把冷藏过的起酥奶冻舀到搅打的浓奶油中，搅匀后用保鲜膜包好放回冰箱冷藏。预热烤箱至200℃／燃气6。烤盘中均匀地洒上些冷水。把现成的酥皮擀开，比烤盘略微大一些。用擀面杖把酥皮面片卷起铺入烤盘，让多余的面片垂在烤盘边缘，用手指轻轻地把酥皮面片压下，固定其在烤盘上的位置。放入冰箱冷藏定型60分钟。

2 取出后用叉子在酥皮面片上扎出小眼，用烤盘纸盖上，把一个烤网压在上面。入烤箱烤制15～20分钟。取出后把烤网拿开，烤盘纸揭下。预先准备一大张新烤盘纸，把烤好的酥皮倒扣其上，重新放回烤盘，入烤箱继续烤10分钟。取出后，把酥皮移到案板上，用一把锋利的切刀趁热把酥皮四边修理齐整，随后顺长把酥皮切成大小相同的3块（尺寸大约5厘米×10厘米），总数量应该是3的倍数。

3 糖粉用1～1.5汤匙的冷水调开，取2汤匙加入可可粉，做成可可糖浆，装入裱花袋，余下的为白色糖浆。取1/3酥皮，先把白色糖浆全部抹上，在还没有凝固之前，用裱花袋里的可可糖浆在白色糖浆上挤出长长的平行线条，再用牙签和线条成直角画出有规律的道道，这样就做出了条纹分割装饰效果。静置，让糖浆凝固。

4 把草莓果酱均匀地薄薄地涂在余下的酥皮块上，在果酱之上再抹上一层大约1厘米厚的起酥奶冻。如果边角不够整齐，可以用小刀修整。

5 组装。把步骤4做好的酥皮两两叠合、轻压；然后把步骤3做好的有条纹分割装饰的酥皮，装饰面朝上放置最上面，一一组装并轻轻压下压实，美味千层酥即大功告成。

保存心得： 可预先制作，在冰箱中冷藏保存6小时。但不宜过夜，建议当日食用。

夏日清新草莓千层酥

制作简便，颜色搭配非常漂亮，让人非常有食欲的一款夏日甜点，有它的午后茶点让人难忘。

食用人数：8人

准备时间：120分钟

烘烤时间：25~30分钟

冷藏定型时间：
60分钟

原料：
1份起酥奶冻，参见第92页操作步骤1~6
600克泡芙酥皮
250毫升浓奶油
400克新鲜草莓，切丁，也可用覆盆子等其他莓果
糖粉，装点用

做法详解：

1 预热烤箱至200℃ / 燃气6。烤盘中均匀地洒上些冷水。把现成的酥皮擀开，比烤盘略微大一些。用擀面杖把酥皮面片卷起铺入烤盘，让多余的面片垂在烤盘边缘，用手指轻轻地把酥皮面片压下，固定其在烤盘上的位置。放入冰箱冷藏定型60分钟。

2 取出后用叉子在面片上扎出小眼，用烤盘纸盖上，把一个烤网压在上面。入烤箱烤制15~20分钟。取出后把烤网拿开，烤盘纸揭下。预先准备一大张新烤盘纸，把烤好的酥皮倒扣其上，重新放回烤盘，入烤箱继续烤10分钟。取出后，把酥皮移到案板上，用一把锋利的切刀趁热把酥皮四边修理齐整，随后顺长把酥皮切成大小相同的3块。静置冷却。

3 搅打浓奶油，要搅打到起硬的程度。用金属勺把冷藏过的起酥奶冻舀到打发的浓奶油中，搅匀后成夹心奶油。夹心奶油分2份，分别抹在2块起酥上，把处理好的草莓紧密地排列其上，随后叠加起来，把第3块放在夹心上，轻轻压下压实，蛋糕即组合完毕。最后，撒上糖粉调味并装饰。

保存心得： 可预先制作，在冰箱中冷藏保存6小时。但不宜过夜，建议当日食用。

烘焙大师的小点子：
一旦你尝试过几次千层酥的制作，掌握了基本技巧，就可以玩出层出不穷的搭配，应付各种场合和需求。不管是团体自助餐，还是私密下午茶，都能随心所欲地根据季节和原料来变换夹心的内容，轻而易举地组合出一个又一个的惊喜。

精致小蛋糕

香草奶油纸杯蛋糕

这是款质地相对厚实的纸杯蛋糕，因为厚实，所以可载起表面大块的香草奶油。

成品数量：24块

准备时间：20分钟

烘烤时间：20~25分钟

冷冻保存时间：无香草奶油酱的蛋糕可冷冻存放4周

所需工具：
2个12眼的纸杯蛋糕模
裱花袋和星形裱花嘴

原料：
200克普通面粉，过筛
2茶匙泡打粉
200克细砂糖
1/2茶匙盐
100克无盐黄油，室温软化
3个鸡蛋
150毫升牛奶
1茶匙香草精

香草奶油酱：
200克糖粉
1茶匙香草精
100克无盐黄油，室温软化
黄色砂糖少许，装饰用（可选）

1 预热烤箱至180℃ / 燃气4。把前五种原料一起放入盆中。

2 用手揉搓混合物，混合成粗面包渣状干料。

3 另取一个盆，放入鸡蛋、牛奶、香草精，用电动搅拌器击打混匀。

4 把鸡蛋牛奶混合物倒入干料中，用电动搅拌器低速搅动。

5 混合物成质地一致、无结块的稀糊状即可。不要过度搅动，这容易让蛋糕的质地过硬。

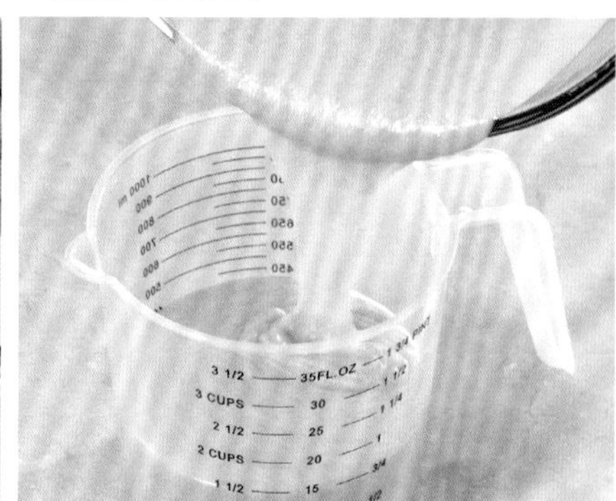

6 蛋糕糊倒入大号尖嘴杯。

7 把纸杯逐个放入烤模中。

8 把蛋糕糊倒入纸杯中，高度至纸杯的一半即可。

9 入烤箱烤制20~25分钟。此时蛋糕表面金棕色，胀满并高出纸杯，手指按压有弹性。

10 用扦子插入蛋糕内部，取出后如果表面光洁，就说明蛋糕烤好了。

11 如果扦子表面还有蛋糕糊的痕迹，就继续烤制几分钟后再次查看。

12 停留几分钟后把蛋糕取出模，放在烤网上冷却。

13 制作香草奶油酱。黄油、糖粉和香草精一起放入大碗。

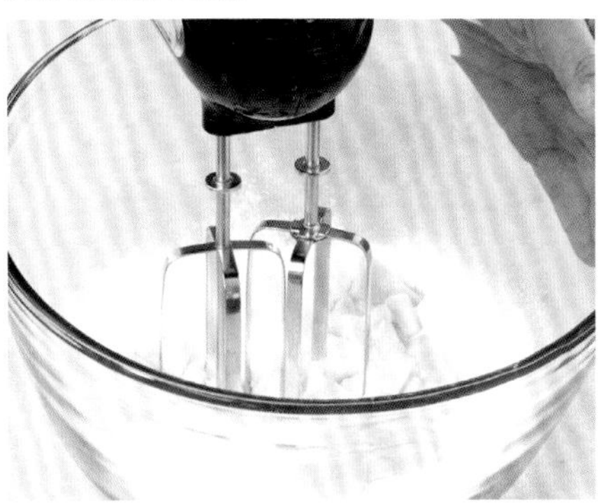

14 用电动搅拌器击打5分钟，到混合物质地轻盈发飘。

15 检查蛋糕是否完全凉透，否则奶油酱将会化掉，影响效果。

16 用茶匙舀香草奶油酱，堆在蛋糕顶上。

17 把茶匙在热水中浸一下，用茶匙背压下、抹平香草奶油酱，形成自然的漩涡状。

用裱花袋操作： 裱花袋可以挤出专业的装饰效果。把香草奶油酱装入裱花袋。

一手持蛋糕，一手握裱花袋。

从边缘开始，旋转一圈、从蛋糕中央提起，形成火炬状。

18 可撒上装饰用砂糖后食用。

保存心得： 可放入密闭容器，在阴凉处存放3天。

纸杯蛋糕的花样翻新

巧克力纸杯蛋糕

经典的巧克力纸杯蛋糕，是烘焙的必修、必备，不管是成人聚会还是儿童聚会，都不会出错！

成品数量：24块　准备时间：20分钟　烘烤时间：20~25分钟　冷冻保存时间：无巧克力酱的蛋糕可冷冻存放4周

所需工具：
2个12眼的纸杯蛋糕模
裱花袋和星形裱花嘴

原料：
200克普通面粉
2茶匙泡打粉
4汤匙可可粉
200克细砂糖
1/2茶匙盐
100克无盐黄油，室温软化
3个鸡蛋
150毫升牛奶
1茶匙香草精
1汤匙原味浓酸奶

巧克力酱：
100克无盐黄油，室温软化
175克糖粉
25克可可粉

做法详解：

1 预热烤箱至180℃ / 燃气4。面粉、可可粉、泡打粉一起过筛入盆中。加入糖、盐、黄油，用手揉搓，混合成粗面包渣状。另取一个盆，放入鸡蛋、牛奶、香草精、酸奶，用电动搅拌器击打，混合均匀即可。

2 把鸡蛋牛奶混合物倒入干料中，用电动搅拌器低速搅动，待成质地一致、无结块的稀糊状即可。不要过度搅动，这容易让蛋糕的质地过硬。蛋糕糊倒入尖嘴杯，把纸杯逐个放入烤模中，蛋糕糊倒入纸杯中，高度至纸杯的一半即可。

3 入烤箱烤制20~25分钟。此时蛋糕胀满并鼓起，手指按压有弹性。取出后，停留几分钟后把蛋糕取出模，放在烤网上完全冷却。

4 制作巧克力酱。黄油、糖粉和可可粉一起放入大碗。用电动搅拌器击打，到混合物质地轻盈光滑。

5 用茶匙舀巧克力酱，堆在蛋糕顶上。把茶匙在热水中浸一下，用茶匙背压下、抹平巧克力酱，形成自然的漩涡状。或者用裱花袋，从边缘开始挤，旋转一圈、从蛋糕中央提起，形成火炬状。

保存心得： 可放入密闭容器，在阴凉处存放3天。

柠檬纸杯蛋糕

如果喜欢柠檬味，还可以在蛋糕料中加上几滴柠檬汁。

成品数量：24块　准备时间：20分钟　烘烤时间：20~25分钟　冷冻保存时间：无柠檬酱的蛋糕可冷冻存放4周

所需工具：
2个12眼的纸杯蛋糕模
裱花袋和星形裱花嘴

原料：
200克普通面粉
2茶匙泡打粉
200克细砂糖
1/2茶匙盐
100克无盐黄油，室温软化
3个鸡蛋
150毫升牛奶
1个柠檬，皮擦细末，汁榨出待用

柠檬酱：
200克糖粉
100克无盐黄油，室温软化

做法详解：

1 预热烤箱至180℃ / 燃气4。面粉、泡打粉一起过筛入盆中。加入糖、盐、黄油，用手揉搓，混合成粗面包渣状。另取一个盆，放入鸡蛋、牛奶，用电动搅拌器击打，混合均匀即可。

2 把鸡蛋牛奶混合物倒入干料（面粉黄油混合物）中，柠檬汁和一半的柠檬皮末加入，用电动搅拌器低速搅动，成质地一致、无结块的稀糊状即可。蛋糕糊倒入纸杯中，高度至纸杯的一半即可。入烤箱烤制20~25分钟，到蛋糕鼓起、手指按压有弹性即可。取出后，在烤网上完全冷却。

3 制作柠檬酱。黄油、糖粉和余下的一半柠檬皮末一起击打，到混合物质地轻盈光滑。用茶匙舀柠檬酱，堆在蛋糕顶上。把茶匙在热水中浸一下，用茶匙背压下、抹平柠檬酱，形成自然的漩涡状。

保存心得： 可放入密闭容器，在阴凉处存放3天。

烘焙大师的小点子：
这几个纸杯蛋糕都采用了美式做法，成品蛋糕质地偏厚实。英式做法略有不同，通常会把原料中的普通面粉换成自发粉，泡打粉减少为1茶匙。这样做出的蛋糕质地轻盈柔软很多。

咖啡核桃纸杯蛋糕

韵味成熟的纸杯蛋糕，成人聚会的宠物。咖啡和核桃仁让口感醇厚香浓。

成品数量：24块
准备时间：20分钟
烘烤时间：20~25分钟
冷冻保存时间：无咖啡奶油酱的蛋糕冷冻存放4周

所需工具：
2个12眼的纸杯蛋糕模
裱花袋和星形裱花嘴

原料：
200克普通面粉
2茶匙泡打粉
200克细砂糖
1/2茶匙盐
100克无盐黄油，室温软化
3个鸡蛋
150毫升牛奶
1汤匙特浓速溶咖啡，用1汤匙开水调开、冷却
100克核桃仁，多备少许，装饰用

咖啡奶油酱：
200克糖粉
100克无盐黄油，室温软化
1茶匙香草精

做法详解：

1 预热烤箱至180℃/燃气4。面粉、泡打粉一起过筛入盆中。加入糖、盐、黄油，用手揉搓，混合成粗面包渣状。另取一个盆，放入鸡蛋、牛奶，用电动搅拌器击打，混合均匀即可。

2 把鸡蛋牛奶混合物倒入干料中，放入一半的咖啡液，用电动搅拌器低速搅动，待成质地一致、无结块的稀糊状即可。核桃仁大致切碎，掺入其中成蛋糕糊。纸杯摆入烤模，先把蛋糕糊倒入尖嘴杯，再倒入纸杯中，高度至纸杯的一半即可。入烤箱烤制20~25分钟，手指按压有弹性即取出，放在烤网上完全冷却。

3 制作咖啡奶油酱。黄油、余下的一半咖啡液、糖粉和香草精一起放入大碗。用电动搅拌器击打，到混合物质地轻盈光滑。用茶匙或者用裱花袋把咖啡奶油酱布置在蛋糕上，每个蛋糕上摆1块核桃仁即可。

保存心得： 可放入密闭容器，在阴凉处存放3天。

粉红诱惑之翻糖蛋糕

精巧的身影，秀丽的外形，品尝起来那怡人的口感更如同愉快的交谈。不管出现在盛大的宴会上，还是私密的下午茶会上，它都将是一份惊喜。

成品数量：16块　准备时间：20~25分钟　烘烤时间：25分钟

所需工具：
边长20厘米（8英寸）的方形烤模

原料：
175克无盐黄油，室温软化，多备少许，涂油层用
175克细砂糖
3个大鸡蛋
1茶匙香草精
175克自发粉，过筛
2汤匙牛奶
2~3汤匙覆盆子或者樱桃果酱

奶油奶酪夹心：
75克无盐黄油，室温软化
150克糖粉

翻糖：
半个柠檬的汁
450克糖粉
1~2滴粉色天然食物色素
一些翻糖花瓣，装饰用（可选）

做法详解：

1 预热烤箱至190℃ / 燃气5，蛋糕模内部涂油层、铺烤盘纸。黄油和糖一起用电动搅拌器击打，直到颜色发白、质地轻盈如羽毛状。

2 另取一个盆，放入鸡蛋和香草精，打散。先取1/3的鸡蛋液、1汤匙的自发粉放入黄油盆中，搅几下后，把余下的鸡蛋液、牛奶和自发粉分批、交替边搅动边全部掺入黄油盆中，质地均匀时即成蛋糕糊。

3 蛋糕糊倒入蛋糕模中，放入烤箱中部烤制25分钟，等表面金黄、蛋糕鼓起、手指按压有弹性即可。取出后冷却10分钟，出模、撕下烤盘纸，在烤网上完全冷却。

4 制作奶油奶酪夹心。击打黄油、糖粉直到质地滑腻均匀，做成夹心。蛋糕从中分半剖开，先把果酱抹到下层蛋糕的切面，再把做好的夹心加在上面，另一半蛋糕放置其上，轻轻压实。最后把整个夹心蛋糕分成16小块，放在烤网上。

5 制作翻糖。柠檬汁倒入尖嘴量杯中，加入热水至60毫升。加入糖粉搅动，如果需要可以多加一点热水，调成滑腻均匀的浆状，再把色素滴入并调匀。

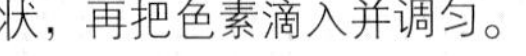

6 16块蛋糕连烤网一起，放在一张烤盘纸上，这样烤盘纸可以接着滴下来的汁液。把翻糖浆逐个浇到小蛋糕上，让糖浆自然流下、覆盖整个表面。在凝固之前，把翻糖花瓣装饰在蛋糕上，静置15分钟定型。最后小心地把蛋糕逐个移到纸杯中，即可享用。

保存心得： 可放入密闭容器，在冰箱中冷藏保存1天。

烘焙大师的小点子：

可把粉红色“外包装”换成棕色巧克力：步骤4做好、分切的16块蛋糕入冰箱冷藏大约120分钟，取出，用扦子或牙签扎着，完全蘸入熔化放凉的黑巧克力液中（需黑巧克力250克），放置在烤网上冷却定型。接下来如果淋上熔化的白巧克力线条来装饰，会让蛋糕的卖相更好。

巧克力翻糖蛋糕球

这款蛋糕制作简单。就算用剩余的蛋糕做原料，经过巧妙的加工，也可化“剩余”为神奇。

成品数量：20~25块
准备时间：35分钟
烘烤时间：25分钟
冷冻保存时间：蘸汁之前的蛋糕球可冷冻存放4周

冷藏定型时间：
180分钟（或者冷冻30分钟）

所需工具：
直径18厘米（7英寸）的圆形蛋糕模
有刮刀的食物料理机或者搅拌器

原料：
100克无盐黄油，室温软化，多备少许，涂油层用（可用人造黄油代替）
100克细砂糖
2个鸡蛋
80克自发粉
20克可可粉
1茶匙泡打粉
1汤匙牛奶，多备少许，备用
150克成品巧克力翻糖（如果要现做巧克力翻糖，可参见第50页的做法）
250克黑巧克力蛋糕覆盖料
50克白巧克力

1 预热烤箱至180℃/燃气4，蛋糕模内部涂油层、铺烤盘纸。

2 黄油和糖一起用电动搅拌器击打，直到颜色发白、质地轻盈如羽毛状。

3 用电动搅拌器一边击打，一边逐个加入鸡蛋。每个鸡蛋加入都要击打均匀至滑腻。

4 把自发粉、可可粉、泡打粉一起过筛到鸡蛋黄油中，掺匀。

5 加入适量牛奶，搅动，使混合物成为质地一致、无结块的蛋糕糊。

6 蛋糕糊舀入蛋糕模。入烤箱烤制25分钟，到蛋糕膨胀、手指按压有弹性。

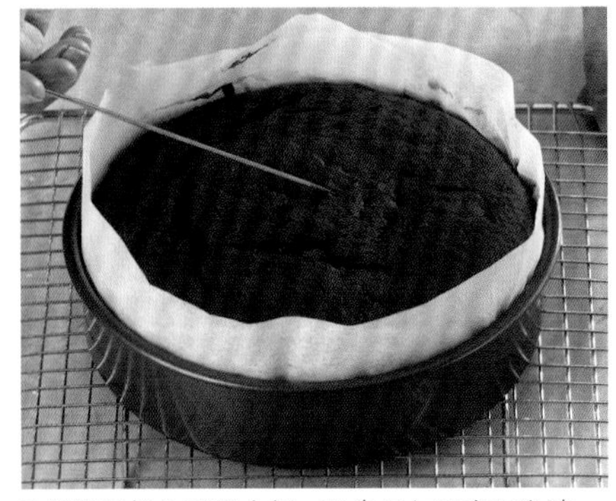

7 用扦子插入蛋糕内部，取出后如果表面光洁，就说明蛋糕烤好了。

8 蛋糕掰碎，用食物料理机或者搅拌器处理成蛋糕渣。取300克放入大盆。

9 巧克力翻糖放入大盆中，和蛋糕渣一起搅拌成一个光滑的面团。

10 双手擦干，用手取一小块核桃大的面团，揉成小球状。

11 巧克力小球放在盘中，入冰箱冷藏180分钟或者冷冻30分钟以定型，令质地坚硬。

12 取2张烤盘，铺烤盘纸。巧克力蛋糕覆盖料按照包装上的做法调开成糊。

13 把巧克力小球逐个放入巧克力糊中，让小球沾满黑巧克力液。

14 用两把叉子转动并取出巧克力小球，让多余的巧克力液坠下。

15 穿好外衣的巧克力小球放置在烤盘上，静置待巧克力凝固。就这样把所有的巧克力小球处理完毕。

16 熔化白巧克力。

17 舀起白巧克力，线条状随意地淋在巧克力球上作为装饰。

18 待白巧克力线条完全凝固后，即可移到甜点盘中享用。
保存心得：可放入密闭容器，在阴凉处存放3天。

蛋糕球的花样翻新

草莓奶油蛋糕球

这些可爱的小东西，叫人不忍吃掉，出现在儿童的聚会上定会引来惊喜的尖叫。用它们来装饰一个生日蛋糕可谓别出心裁啦。

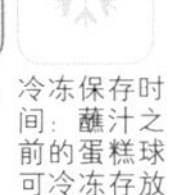

成品数量：20~25块　准备时间：20分钟　烘烤时间：25分钟　冷冻保存时间：蘸汁之前的蛋糕球可冷冻存放4周

冷藏定型时间：
180分钟（或者冷冻30分钟）

所需工具：
直径18厘米（7英寸）的圆形蛋糕模
有刮刀的食物料理机或者搅拌器
25根大约10厘米长的竹签，用作棒棒糖的把手

原料：
100克无盐黄油，室温软化，多备少许，涂油层用（可用人造黄油代替）
100克细砂糖
2个鸡蛋
100克自发粉
1茶匙泡打粉
150克成品奶油奶酪翻糖（或可参见第113页步骤13~15香草奶油酱的做法）
2汤匙优质的光滑草莓酱
250克白巧克力蛋糕覆盖料

做法详解：

1 预热烤箱至180℃ / 燃气4，蛋糕模内部涂油层、铺烤盘纸。黄油和糖一起用电动搅拌器击打，直到颜色发白、质地轻盈如羽毛状。用电动搅拌器一边击打，一边逐个加入鸡蛋。每个鸡蛋加入都要击打均匀至滑腻。把自发粉、泡打粉一起过筛到鸡蛋黄油中，掺匀成质地一致、无结块的蛋糕糊。

2 蛋糕糊舀入蛋糕模。入烤箱烤制25分钟，到蛋糕膨胀、手指按压有弹性。取出在烤网上冷却、撕去烤盘纸。

3 蛋糕放凉后掰碎，用食物料理机或者搅拌器处理成蛋糕渣。取300克放入大盆，加入草莓酱和奶油奶酪翻糖，混合均匀。双手擦干，用手取一小块核桃大的面团，揉成小球状。插入竹签，如棒棒糖状，放在盘中，入冰箱冷藏180分钟或者冷冻30分钟以定型，令质地坚硬。两个烤盘铺好烤盘纸。

4 把巧克力蛋糕覆盖料隔水加热熔化。手握竹签，把做好的蛋糕球逐个放入、转动，均匀挂满巧克力液。

5 取出、让多余的巧克力液坠下后，放入烤盘中静置，让巧克力凝固。做好的蛋糕球需当日食用。

烘焙大师的小点子：
怎样把蛋糕球的外衣穿得均匀、浑圆？有个小窍门。苹果切半，切面朝下放在烤盘中，取出蘸过巧克力液的蛋糕球，竹签插在苹果上，巧克力凝固之后再装盘。

圣诞布丁球

剩余的圣诞大布丁，扔掉是罪过，吃掉有困难。怎么办？我喜欢把布丁变身成这些可爱的小球，让大家争先恐后地一抢而空。试试吧！

成品数量：15~20块　准备时间：20分钟　烘烤时间：25分钟　冷冻保存时间：蘸汁之前的蛋糕球可冷冻存放4周

冷藏定型时间：
180分钟（或者冷冻30分钟）

所需工具：
有刮刀的食物料理机或者搅拌器

原料：
400克剩余的圣诞布丁或者第76页的李子大布丁
200克黑巧克力蛋糕覆盖料
50克白巧克力蛋糕覆盖料
蜜饯樱桃和蜜饯白芷（可选）

做法详解：

1 用食物料理机处理剩余的圣诞布丁，直到彻底粉碎成细渣状。擦干手操作，把细渣团起成核桃大的球状。布丁球摆入盘中，入冰箱冷藏180分钟或者冷冻30分钟以定型，使质地坚实。

2 2个烤盘铺好烤盘纸。黑巧克力蛋糕覆盖料用可入微波炉的碗盛放，入微波炉加热，每次30秒，累计大约2分钟，熔化但不烫手为宜（也可以使用小锅加热或者隔水加热熔化法）。

3 用2把叉子，把冷藏过的布丁球逐个放入蛋糕覆盖料中转动，均匀沾满巧克力液。然后放在烤盘中静置凝固。

4 照此操作，把所有的布丁球处理完毕。注意这个环节操作要快，一方面布丁球的温度不可升高，否则会松散；另一方面，温度降低，蛋糕覆盖料会变硬甚至凝固。

5 把白巧克力蛋糕覆盖料加热熔化。用茶匙舀起，随意地淋在巧克力球上作为装饰。看起来像糖霜，又像雪花。注意只是点缀，不要覆盖下面的棕黑底色。

6 如果有时间，愿意做装饰，就用蜜饯樱桃和蜜饯白芷剪刻出冬青叶子和红果子，在白巧克力尚未完全凝固前固定在布丁球上，或在甜点盘中做出装饰。表层的巧克力硬实之后即可享用。

保存心得： 可放入密闭容器，在冰箱中冷藏保存5天。

巧克力椰蓉雪球

这些迷人的雪球状点心，端庄典雅又轻松俏皮，做餐前点心或小茶点都很得体（参见第114页成品图）！

成品数量：25~30块
准备时间：40分钟
烘烤时间：25分钟
冷冻保存时间：蘸汁之前的蛋糕球可冷冻存放4周

冷藏定型时间：
180分钟（或者冷冻30分钟）

所需工具：
直径18厘米（7英寸）的圆形蛋糕模
有刮刀的食物料理机或者搅拌器

原料：
100克无盐黄油，室温软化，多备少许，涂油层用（可用人造黄油代替）
100克细砂糖
2个鸡蛋
100克自发粉
1茶匙泡打粉
225克成品奶油奶酪翻糖（也可参见第113页步骤13~15香草奶油酱的做法）
225克椰蓉
250克白巧克力蛋糕覆盖料

做法详解：

1 预热烤箱至180℃／燃气4，蛋糕模内部涂油层、铺烤盘纸。黄油和糖一起用电动搅拌器击打，直到颜色发白、质地轻盈如羽毛状。用电动搅拌器一边击打，一边逐个加入鸡蛋。每个鸡蛋加入都要击打均匀至滑腻。把自发粉、泡打粉一起过筛到鸡蛋黄油中，掺匀成质地一致、无结块的蛋糕糊。

2 蛋糕糊舀入蛋糕模。入烤箱烤制25分钟，到蛋糕膨胀、手指按压有弹性。取出在烤网上冷却、撕去烤盘纸。

3 蛋糕完全放凉后掰碎，用食物料理机或者搅拌器处理成蛋糕渣。取300克放入大盆，加入75克椰蓉和奶油奶酪翻糖，混合均匀。

双手擦干，用手取一小块核桃大的面团，揉成小球状，放在盘中，入冰箱冷藏180分钟或者冷冻30分钟以定型，令质地坚硬。两个烤盘铺好烤盘纸。余下的椰蓉放入碗中。

4 把白巧克力蛋糕覆盖料隔水加热熔化。用2把叉子，把冷藏过的蛋糕球逐个放入蛋糕覆盖料中转动，均匀沾满巧克力液。

5 取出后立即放入椰蓉碗中，转动小球沾满椰蓉。注意这个环节快速准确操作，一方面蛋糕球的温度不可升高，否则会松散；另一方面，温度降低，蛋糕覆盖料会变硬、凝固，不能沾上椰蓉。完成后放入烤盘中静置，让巧克力自然凝固，坚实后即可食用。

保存心得：可放入密闭容器，在阴凉处存放2天。

无比派

无比派是一种小巧的巧克力夹心蛋糕，它制作简捷，效果出众，尤其在人数众多的聚会上特别讨喜。

成品数量：10块

准备时间：40分钟

烘烤时间：12分钟

冷冻保存时间：无夹心的蛋糕可冷冻存放4周

原料：
175克无盐黄油，室温软化
150克绵棕糖
1个大鸡蛋
1茶匙香草精
225克自发粉
75克可可粉
1茶匙泡打粉
150毫升全脂牛奶
2汤匙原味浓酸奶

香草奶油酱：
100克无盐黄油，室温软化
200克糖粉
2茶匙香草精
2茶匙牛奶，多备少许

装饰：
白巧克力和黑巧克力各1块
200克糖粉

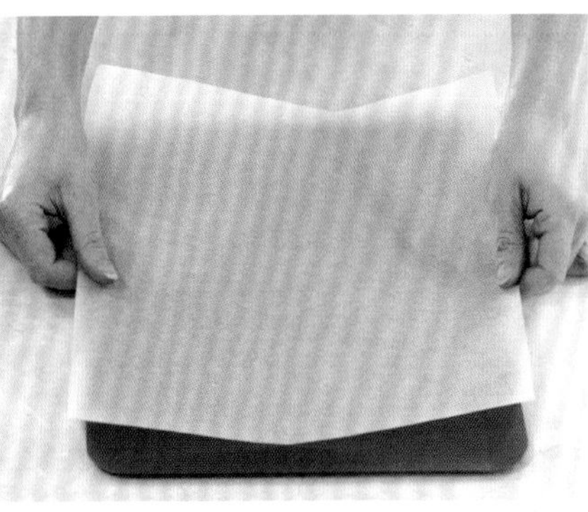
1 预热烤箱至180℃ / 燃气4，几张烤盘中铺好烤盘纸。

2 用电动搅拌器击打黄油和棕糖，直到轻盈发飘。

3 把鸡蛋和香草精加入黄油和棕糖中。

4 用电动搅拌器击打混匀成质地均匀、无结块的面糊。

5 另取一个盆，自发粉、可可粉、泡打粉过筛加入。

6 取1汤匙过筛后的干料加入面糊中。

7 随后加入一点牛奶。就这样1汤匙干料、一点牛奶，交替着全部加入面糊中。

8 最后把酸奶掺入，混合均匀成蛋糕糊。酸奶将帮助蛋糕保持水分，做出绵润口感。

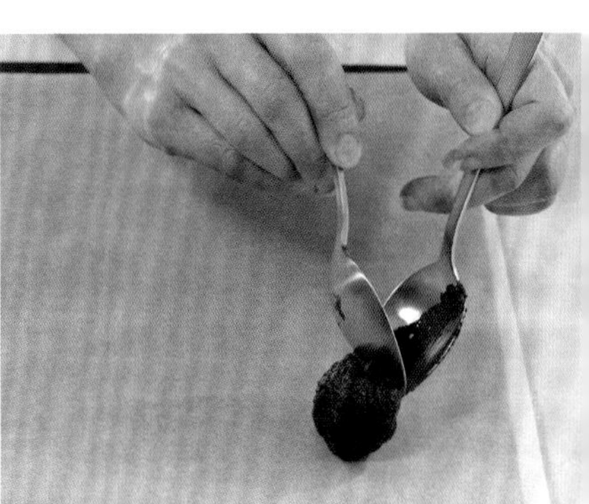
9 蛋糕糊用茶匙舀到烤盘纸上，分20等份，每份满满1茶匙。

10 注意间距，每份小蛋糕摊开后直径大约8厘米。

11 茶匙在热水中浸过后，用茶匙背把蛋糕糊压扁。

12 入烤箱烤制大约12分钟。用扦子插入蛋糕内部，取出后如果表面光洁，就说明蛋糕烤好了。把蛋糕取出，放在烤网上冷却。

13 制作香草奶油酱。用木勺混合黄油、糖粉和香草精。

14 换用电动搅拌器击打5分钟，到混合物质地轻盈发飘。

15 如果质地偏硬、不适合涂抹，就加入适量牛奶，调匀到合适的稠度。

16 用茶匙舀香草奶油酱，堆在10块蛋糕的底部，即平整的一面。

17 把另外10块蛋糕分别和已加上奶油酱的蛋糕一一组合起来，轻轻压实。

18 用蔬果削皮刀把黑白两色巧克力削成碎卷。

19 糖粉放入碗中，加入1~2汤匙水，调成浓稠的浆状。

20 用茶匙把糖粉浆舀到组合好的蛋糕上，用茶匙背略微抹开。

21 立即把双色巧克力碎卷撒在上面，用手指轻轻压实。诱人的无比派就做好了。

保存心得：密封冷藏可以存放2天。

无比派的花样翻新

花生酱无比派

香甜、滑腻的夹心，若有若无的咸味，口感特别，尝试之后便难以抗拒。

成品数量：10块　准备时间：40分钟　烘烤时间：12分钟　冷冻保存时间：无夹心的蛋糕可冷冻存放4周

原料：

175克无盐黄油，室温软化
150克绵棕糖
1个大鸡蛋
1茶匙香草精
225克自发粉
75克可可粉
1茶匙泡打粉
150毫升全脂牛奶，多备少许
2汤匙原味浓酸奶
50克奶油奶酪
50克光滑花生酱
200克糖粉，过筛

做法详解：

1 预热烤箱至180℃ / 燃气4，几张烤盘中铺好烤盘纸。用电动搅拌器击打黄油和棕糖，直到轻盈发飘。鸡蛋和香草精加入。用电动搅拌器击打混匀成质地均匀、无结块的面糊。

2 另取一个盆，自发粉、可可粉、泡打粉过筛加入成干料。然后1汤匙干料、1汤匙牛奶，交替着全部加入面糊中。最后把酸奶掺入，混合均匀成蛋糕糊。酸奶将帮助蛋糕保持水分，做出绵润口感。

3 蛋糕糊堆满茶匙，舀到烤盘纸上，注意间距，分20等份。茶匙在热水中浸过后，用茶匙背把蛋糕糊压扁。入烤箱烤制大约12分钟，蛋糕膨胀鼓起即可。取出放在烤网上冷却。

4 制作夹心酱。奶油奶酪和花生酱一起用电动搅拌器击打几分钟，质地一致光滑时加入糖粉，如果需要可以加入适量牛奶，调匀到合适涂抹的稠度。用茶匙涂抹在其中10块蛋糕的底部，即平整的一面，另10块随后与之组合起来。

保存心得：可放入密闭容器，在冰箱中冷藏保存1天。

巧克力香橘无比派

浓郁的黑巧克力和浓烈的橘皮，向来是经典的搭配。一起用来制作无比派，给最挑剔的食客深刻的印象就靠它了！

成品数量：10块　准备时间：40分钟　烘烤时间：12分钟　冷冻保存时间：无夹心的蛋糕可冷冻存放4周

原料：

275克无盐黄油，室温软化
150克绵棕糖
1个大鸡蛋
2茶匙香草精
1个橘子，皮擦细末，汁榨出待用
225克自发粉
75克可可粉
1茶匙泡打粉
150毫升全脂牛奶
2汤匙原味浓酸奶
200克糖粉

做法详解：

1 预热烤箱至180℃ / 燃气4，几张烤盘中铺好烤盘纸。用电动搅拌器击打175克黄油和棕糖，直到轻盈发飘。鸡蛋、橘皮末和1茶匙香草精加入，混匀成质地均匀、无结块的面糊。接着把自发粉、可可粉、泡打粉过筛成干料，然后1汤匙干料、1汤匙牛奶，交替着全部加入面糊中。最后把酸奶掺入，混合均匀成蛋糕糊。酸奶将帮助蛋糕保持水分，做出绵润口感。

2 蛋糕糊堆满茶匙，舀到烤盘纸上，注意间距，分20等份。茶匙在热水中浸过后，用茶匙背把蛋糕糊压扁。入烤箱烤制大约12分钟，蛋糕膨胀鼓起即可。取出放在烤网上冷却。

3 制作夹心酱。余下的100克黄油和糖粉、1茶匙香草精、橘汁一起用电动搅拌器击打几分钟，如果需要可加入一点水。质地一致光滑时，用茶匙涂抹在其中10块蛋糕的底部，即平整的一面，另10块随后与之组合起来。

保存心得：可放入密闭容器，在阴凉处存放2天。

椰香无比派

椰蓉和巧克力是烘焙原料中的一对亲密伙伴。它们的合作让这款简单的小蛋糕效果卓越。

成品数量：10块　准备时间：40分钟　烘烤时间：12分钟　冷冻保存时间：无夹心的蛋糕可冷冻存放4周

原料：

275克无盐黄油，室温软化
150克绵棕糖
1个大鸡蛋
2茶匙香草精
225克自发粉
75克可可粉
1茶匙泡打粉
150毫升全脂牛奶，多备少许
2汤匙原味浓酸奶
200克糖粉
5汤匙椰蓉

做法详解：

1 预热烤箱至180℃ / 燃气4，几张烤盘中铺好烤盘纸。用电动搅拌器击打175克黄油和棕糖，直到轻盈发飘。鸡蛋和1茶匙香草精加入，混匀成质地均匀、无结块的面糊。接着把自发粉、可可粉、泡打粉过筛成干料，然后1汤匙干料、1汤匙牛奶，交替着全部加入面糊中。最后把酸奶掺入，混合均匀成蛋糕糊。酸奶将帮助蛋糕保持水分，做出绵润口感。

2 蛋糕糊堆满茶匙，舀到烤盘纸上，注意间距，分20等份。茶匙在热水中浸过后，用茶匙背把蛋糕糊压扁。入烤箱烤制大约12分钟，蛋糕膨胀鼓起即可。取出放在烤网上冷却。椰蓉放入碗中，加入牛奶刚刚盖住椰蓉，静置至少10分钟。

3 制作夹心酱。余下的100克黄油和糖粉、1茶匙香草精、2茶匙牛奶一起用电动搅拌器击打几分钟，质地一致光滑时加入椰蓉，用茶匙涂抹在其中10块蛋糕的底部，即平整的一面，另10块随后与之组合起来。

保存心得：可放入密闭容器，在阴凉处存放2天。

黑森林无比派

黑森林大蛋糕的微缩版本。可用新鲜樱桃，也可用罐装樱桃。

成品数量：10块　准备时间：40分钟　烘烤时间：12分钟　冷冻保存时间：无夹心的蛋糕可冷冻存放4周

原料：

175克无盐黄油，室温软化
150克绵棕糖
1个大鸡蛋
1茶匙香草精
225克自发粉
75克可可粉
1茶匙泡打粉
150毫升全脂牛奶或白脱牛奶
2汤匙原味浓酸奶
225克樱桃（如选用罐装樱桃，则需沥干水分；冷冻樱桃，事先解冻）
250克马斯卡彭奶酪
2汤匙糖粉

做法详解：

1 预热烤箱至180℃ / 燃气4，几张烤盘中铺好烤盘纸。用电动搅拌器击打175克黄油和棕糖，直到轻盈发飘。鸡蛋和香草精加入，混匀成质地均匀、无结块的面糊。

2 自发粉、可可粉、泡打粉过筛成干料，1汤匙干料、1汤匙牛奶，交替着全部加入面糊中。最后把酸奶掺入。取100克樱桃，切碎，掺入蛋糕糊，混合均匀。

3 蛋糕糊堆满茶匙，舀到烤盘纸上，注意间距，分20等份。茶匙在热水中浸过后，用茶匙背把蛋糕糊压扁。入烤箱烤制大约12分钟，蛋糕膨胀鼓起即可。取出放在烤网上冷却。

4 制作夹心酱。余下的樱桃用电动搅拌器处理成果泥，加入马斯卡彭奶酪继续击打混合均匀。用茶匙涂抹在其中10块蛋糕的底部，即平整的一面，另10块随后与之组合起来。

保存心得：最好当日食用。也可放入密闭容器，在冰箱中冷藏保存1天。

草莓奶油无比派

这么新鲜迷人的水果派，唯一的缺点就是必须现做现用，不宜久置，否则口感会大打折扣。和传统的下午茶搭配，妥帖极了。

成品数量：10块　准备时间：40分钟　烘烤时间：12分钟　冷冻保存时间：无夹心的蛋糕可冷冻存放4周

原料：

175克无盐黄油，室温软化
150克绵棕糖
1个大鸡蛋
1茶匙香草精
225克自发粉
75克可可粉
1茶匙泡打粉
150毫升全脂牛奶
2汤匙原味浓酸奶
150毫升浓奶油，打发
250克新鲜草莓，切薄片
少许糖粉，装点用

做法详解：

1 预热烤箱至180℃ / 燃气4，几张烤盘中铺好烤盘纸。用电动搅拌器击打黄油和棕糖，直到轻盈发飘。鸡蛋和香草精加入，混匀成质地均匀、无结块的面糊。另取一个盆，自发粉、可可粉、泡打粉过筛到其中成干料，接着1汤匙干料、1汤匙牛奶，交替着全部加入面糊中。最后把酸奶掺入。

2 蛋糕糊堆满茶匙，舀到烤盘纸上，注意间距，分20等份。茶匙在热水中浸过后，用茶匙背把蛋糕糊压扁。

3 入烤箱烤制大约12分钟，蛋糕膨胀鼓起即可。取出放在烤网上冷却。

4 用茶匙把打发的浓奶油涂抹在其中10块蛋糕的底部，即平整的一面，另10块随后与之组合起来。撒上糖粉装点。当日食用。

巧克力熔岩蛋糕

很多人都在餐厅享用过这款奇妙的蛋糕，却不知道其实在家里也可以DIY（自己动手做）出餐馆品质。

食用人数：4人　准备时间：20分钟　烘烤时间：5~15分钟　冷冻保存时间：未烤制的蛋糕可冷冻存放1周

所需工具：
4个容量150毫升的圆饼模或者直径10厘米的蛋奶酥模

原料：
150克无盐黄油，切块，多备少许，涂油层用
1满汤匙普通面粉，多备少许
150克优质黑巧克力，切碎
3个大鸡蛋
75克糖粉
可可粉或糖粉，装点用（可选）
奶油或者冰淇淋，就食用（可选）

做法详解：

1 预热烤箱至200℃ / 燃气6，烤模内部仔细、足量涂上油层。撒入面粉，摇动烤模让面粉均匀地沾在油层上，倒出多余的面粉。剪出大小合适的圆形烤盘纸，铺入烤模底部。

2 巧克力和黄油一起放入耐热碗，耐热碗放置在敞口锅中，锅中加水上火烧开，保持微微沸腾，搅动，让巧克力和黄油熔化、融合。注意加热过程中不可有水溅入碗中。离火稍凉。

3 另一个碗中用电动搅拌器击打鸡蛋和糖，糖溶化后，把黄油巧克力击打加入。继续击打几分钟，到质地均匀。面粉过筛加入其中，动作轻快地搀匀成蛋糕糊。

4 蛋糕糊均分到烤模中，注意六七成满即可。此时，可连同烤模一起冷藏几个小时甚至过夜，食用时提前取出，让温度回到室温，即可进入烤箱烘烤。

5 烤模放入烤箱中部，如果是圆饼模，烤制时间5~6分钟；蛋奶酥模则烤制12~15分钟。烤制好的蛋糕周边硬实但是中央依旧柔软。用一把锋利的小刀沿着烤模内壁游走一圈，让蛋糕完全松动，把甜点盘扣在烤模上，蛋糕倒扣出模于甜点盘中。小心地取下烤盘纸。

6 如果喜欢，可以在蛋糕表面撒上一层糖粉或可可粉。立即食用，可和奶油或者冰淇淋一起享用。

预先准备： 可以提前一天准备好蛋糕糊，放在烤模中后，在冰箱中冷藏过夜（参见烘焙大师的小点子）。

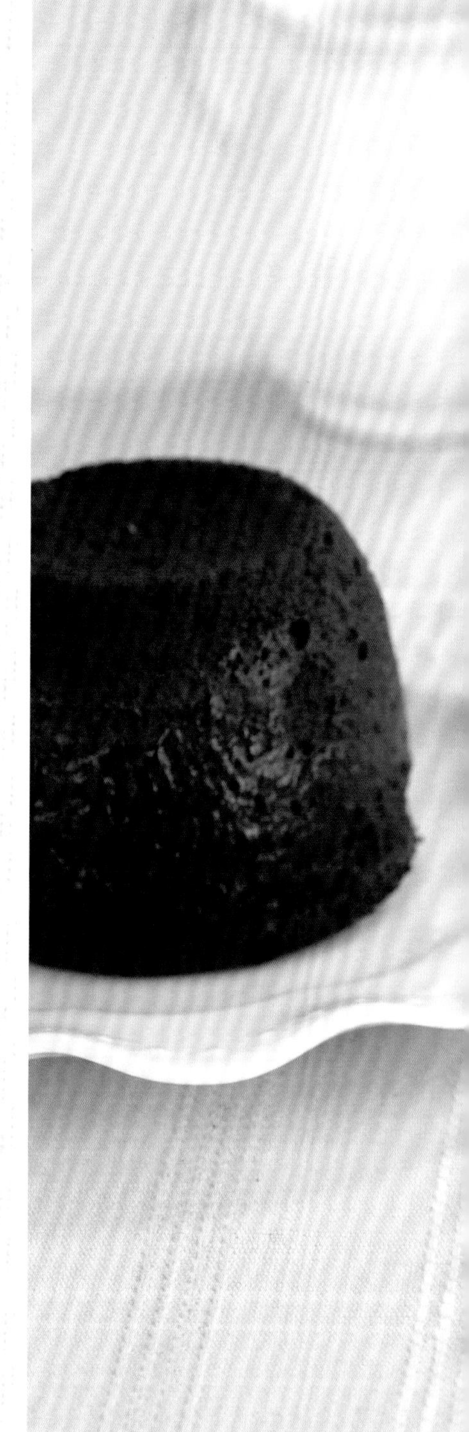

烘焙大师的小点子：
尝试过就知道，这款看似高难度的小蛋糕，DIY的成功率相当高。如果赶时间，可以提前一天做好冷藏，如果忘记提前取出回温，也没关系，适当延长烤制时间即可。烤制的时候，千万不要等中间鼓起，那样的话就没有热热的“岩浆”啦。

柠檬蓝莓玛芬

质地轻盈的蓝莓玛芬，向来是蓝莓季节里老少皆宜的小点心。柠檬皮末和表面刷上的柠檬汁让味道更清新。

成品数量：12块
准备时间：20~25分钟
烘烤时间：15~20分钟
冷冻保存时间：4周

所需工具：
12眼的玛芬模

原料：
60克无盐黄油
280克普通面粉
1汤匙泡打粉
1小撮盐
200克细砂糖
1个鸡蛋
1个柠檬，皮擦细末，汁榨出待用
1茶匙香草精
250毫升牛奶
225克蓝莓

1 预热烤箱至220℃／燃气7。黄油放入小锅，小火加热熔化。

2 面粉、泡打粉、盐一起过筛到盆中为干料（注意，不可用食物料理机或者电动搅拌器处理玛芬原料）。

3 取出2茶匙糖另放，把余下的糖搅入面粉中，并在中间做个小坑。

4 另取一个盆，把鸡蛋打散。

5 加入熔化的黄油、柠檬皮末、香草精、牛奶。用搅棒或筷子击打至起泡，此为湿料。

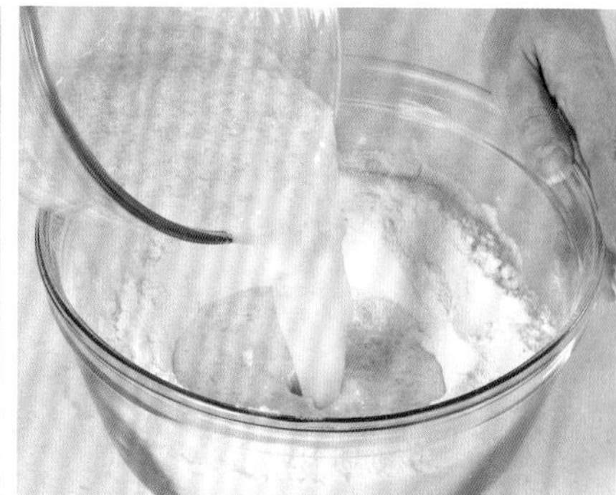

6 把湿料慢慢地加入干料中的小坑。

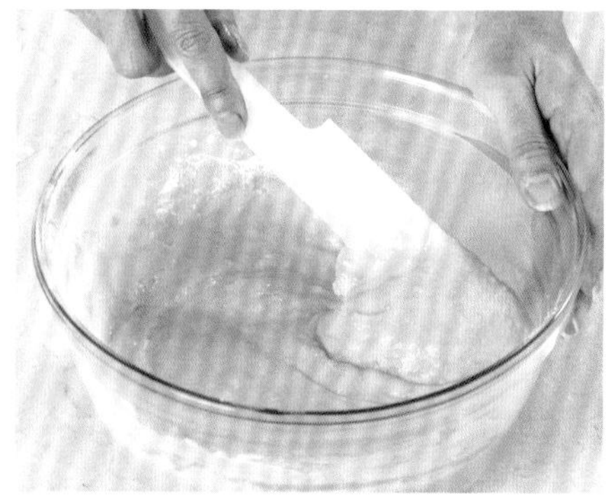

7 用橡皮刀把干料、湿料搅匀成蛋糕糊。

8 把蓝莓掺入蛋糕糊中，注意动作轻柔，不可把蓝莓弄破。

9 切忌搅拌过度，原料混合均匀即可，否则玛芬将会坚实而不柔软。

10 玛芬杯摆入玛芬模中，把蛋糕糊舀入，约3/4满。

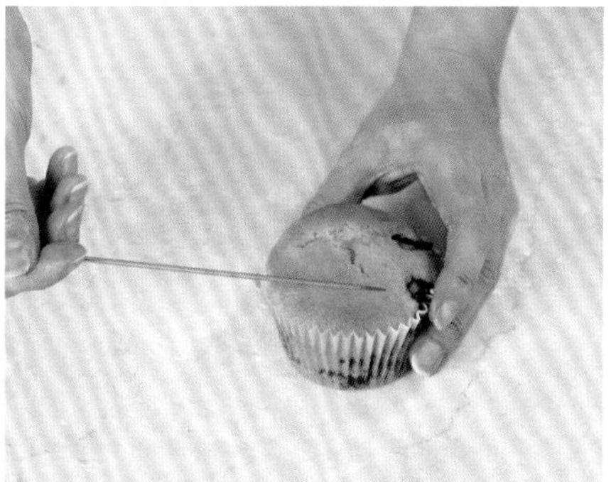

11 入烤箱烤制15~20分钟。用扦子插入蛋糕内部，取出后如果表面光洁，就说明蛋糕烤好了。

12 停留几分钟后把蛋糕取出模，放在烤网上冷却。

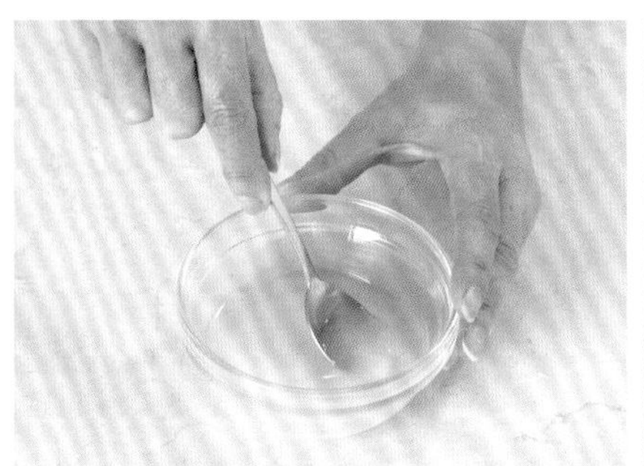

13 小碗中，把留出的2茶匙糖和柠檬汁放入搅动，直到糖溶化。

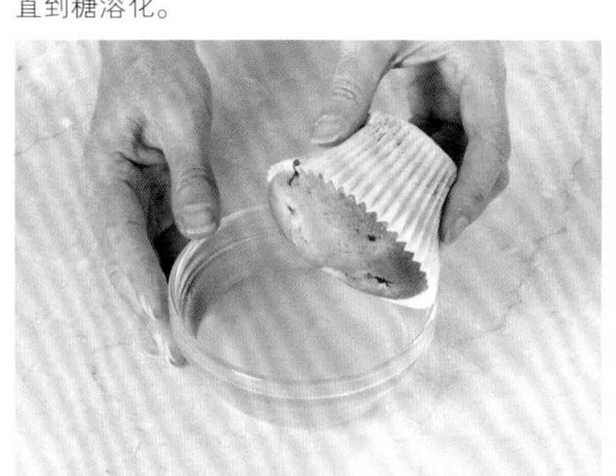

14 在玛芬尚温热的时候，把玛芬头朝下，逐个在柠檬汁中蘸过。

15 玛芬放回烤网，如有余下的柠檬糖汁，用刷子刷在玛芬上。

16 温热的玛芬可以吸收最大量的柠檬糖汁，保证达到预想的效果。

保存心得： 最好趁热食用，也可放入密闭容器存放2天。

玛芬的花样翻新

巧克力玛芬

这款玛芬，可有效医治“巧克力焦虑症”。选用白脱牛奶而不是全脂牛奶，更健康，玛芬口感也更松软适口。

成品数量：12块　准备时间：10分钟　烘烤时间：15分钟　冷冻保存时间：8周

所需工具：
12眼的玛芬模

原料：
225克普通面粉
60克可可粉
1汤匙泡打粉
1小撮盐
115克绵棕糖
150克巧克力屑
250毫升白脱牛奶
6汤匙葵花籽油
1/2茶匙香草精
2个鸡蛋

做法详解：

1 预热烤箱至200℃／燃气6。玛芬杯摆入玛芬模中，放一旁待用。面粉、可可粉、泡打粉、盐一起过筛到盆中为干料。搅入巧克力屑和糖，中央挖个小坑。

2 白脱牛奶、油、鸡蛋、香草精一起击打均匀，到混合物质地一致、体积膨胀，加入干料盆中。用橡皮刀搅匀成蛋糕糊。切忌搅拌过度，原料混合均匀即可。把蛋糕糊舀入玛芬杯中，大约3/4满。

3 入烤箱烤制15分钟。此时蛋糕胀满或高出纸杯，手指按压有弹性。出模后放在烤网上冷却。

保存心得： 可放入密闭容器，在阴凉处存放2天。

烘焙大师的小点子：
玛芬原料中所有的液体，包括酸奶油、奶油、白脱牛奶、食用油，都会帮助成品有润湿的质地，并且在一定时间内保持新鲜。如果原料中需要食用油，建议选用淡味甚至无味的品种，比如葵花籽油。坚果仁榨出的油一般味道较淡。这样才能保证玛芬的味道不受油脂本身味道的影响。

柠檬罂粟籽玛芬

罂粟籽，又名御米，经常加入烘焙食品中以增加风味，让简单的玛芬口感独特。

成品数量：12块　准备时间：20~25分钟　烘烤时间：15~20分钟　冷冻保存时间：4周

所需工具：
12眼的玛芬模

原料：
60克无盐黄油
280克普通面粉
1汤匙泡打粉
1小撮盐
200克细砂糖，另加2茶匙（撒用）
1个鸡蛋，打散
1茶匙香草精
250毫升牛奶
2汤匙罂粟籽
1个柠檬，皮切细末，汁榨出待用

做法详解：

1 预热烤箱至220℃／燃气7。黄油放入小锅，小火加热熔化。面粉、泡打粉、盐一起过筛到盆中，加入200克糖，成为干料。

2 另取一个盆，放入牛奶、鸡蛋、香草精一起击打均匀，到混合物质地一致、体积膨胀，把罂粟籽、柠檬皮末搅入，一起慢慢加入干料盆中。用橡皮刀把干湿料搅匀成光滑的蛋糕糊。切忌搅拌过度，原料混合均匀即可。

3 玛芬杯摆入玛芬模中，把蛋糕糊舀入玛芬杯中，大约3/4满，2茶匙的糖撒在杯中。

4 入烤箱烤制15~20分钟。此时蛋糕应胀满或高出纸杯，用扦子插入蛋糕内部，取出后如果表面光洁，就说明蛋糕烤好了。出模后放在烤网上冷却。

保存心得： 可放入密闭容器，在阴凉处存放2天。

苹果玛芬

苹果玛芬最好趁热食用，味道好极了。

成品数量：12块　准备时间：10分钟　烘烤时间：20~25分钟　冷冻保存时间：8周

所需工具：
12眼的玛芬模

原料：
1个金冠苹果，削皮、去核、切丁
2茶匙柠檬汁
115克粗糖，多备少许，装饰用
200克普通面粉
85克全麦面粉
4茶匙泡打粉
1汤匙混合香料
1/2茶匙盐
60克胡桃仁，切碎
250毫升牛奶
4汤匙葵花籽油
1个鸡蛋，打散

做法详解：

1 预热烤箱至200℃ / 燃气6。玛芬杯摆入玛芬模中，放一旁待用。苹果丁用柠檬汁拌过，加入4汤匙糖，静置5分钟。

2 面粉、泡打粉、盐、香料一起过筛到盆中为干料，把过滤出的麦麸也倒入。胡桃仁和糖加入。牛奶、油和鸡蛋一起击打均匀，到混合物质地一致、体积膨胀，加入干料盆中，随之加入苹果丁和腌制苹果丁的糖。用橡皮刀搅匀成蛋糕糊。切忌搅拌过度，原料混合均匀即可。

3 把蛋糕糊舀入玛芬杯中，大约3/4满。入烤箱烤制20~25分钟。此时蛋糕胀满或高出纸杯，手指按压有弹性。出模后放在烤网上冷却。热食、冷食均可。

保存心得： 可放入密闭容器，在阴凉处存放2天。

玛德琳小蛋糕

本是法国东北部的一种传统的贝壳形状的小蛋糕，因《追忆逝水年华》而闻名于世。

成品数量：12块　准备时间：15~20分钟　烘烤时间：10分钟　冷冻保存时间：4周

所需工具：
12眼的玛德琳烤模或者圆饼模

原料：
60克无盐黄油，熔化并放凉，多备少许，涂油层用
60克自发粉，过筛，多备少许，装点用
60克细砂糖
2个鸡蛋
1茶匙香草精
糖粉少许，装点用

做法详解：

1 预热烤箱至180℃／燃气4。烤模内部仔细、足量涂上油层。撒入自发粉，摇动烤模让自发粉均匀地沾在油层上，倒出多余的自发粉。

2 糖、鸡蛋、香草精一起用电动搅拌器击打约5分钟，混合物颜色发白、质地均匀滑腻，取出搅拌器能拖出长长的尾巴即可。

3 自发粉过筛加入鸡蛋混合物中，熔化的黄油倒入一侧，用大的金属勺搅动掺匀，做成蛋糕糊。动作要轻快，不可过度搅动。

4 蛋糕糊均分到烤模中，注意六七成满即可。烤模放入烤箱中部，烤制约10分钟，表面金黄、边缘变棕色即可。出模后在烤网上冷却。如果喜欢，可以在蛋糕表面撒上一层糖粉。

保存心得：可放入密闭容器，在阴凉处存放1天。

烘焙大师的小点子：
制作过程中，有两个环节要注意：一是打发湿料时，要保证充分击打，这样有机会混入更多的空气；二是在掺入干料时一定要轻、要快，尽可能保持湿料的原有体积。过度搅动会放跑空气，一定要避免。

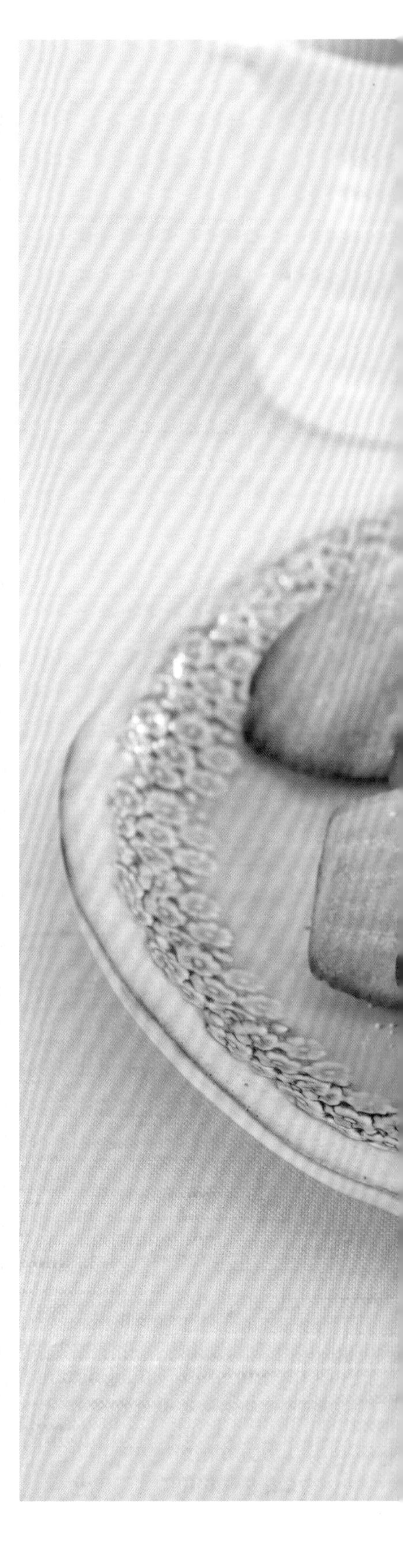

玛德琳小蛋糕

司康饼——英式奶油松饼

自己做的奶油松饼是最简单、最好的茶点。白脱牛奶的选用可增加其“疏松”哦！

成品数量：6~8块　准备时间：15~20分钟　烘烤时间：12~15分钟　冷冻保存时间：4周

所需工具：
直径7厘米的饼干切模

原料：
60克无盐黄油，切丁冷藏，多备少许，涂油层用
250克白高筋粉，多备少许，装点用
2茶匙泡打粉
1/2茶匙盐
175毫升白脱牛奶
黄油、浓奶油或者果酱，就食用

1 预热烤箱至220℃ / 燃气7。1个烤盘铺烤盘纸、涂油层。

2 高筋粉、泡打粉和盐一起过筛到预先冷藏过的盆中。

3 黄油从冰箱中取出，直接投入高筋粉中。

4 用手指揉搓，把混合物处理成细细的面包渣状。

5 面包渣中央做出小坑，把白脱牛奶慢慢倒入。

6 用叉子搅动混合物。

7 用手轻快地揉成一块面团，如果偏硬，可多加入一点牛奶。

8 面团在撒了高筋粉的案板上揉几下，注意不必揉至十分光滑。

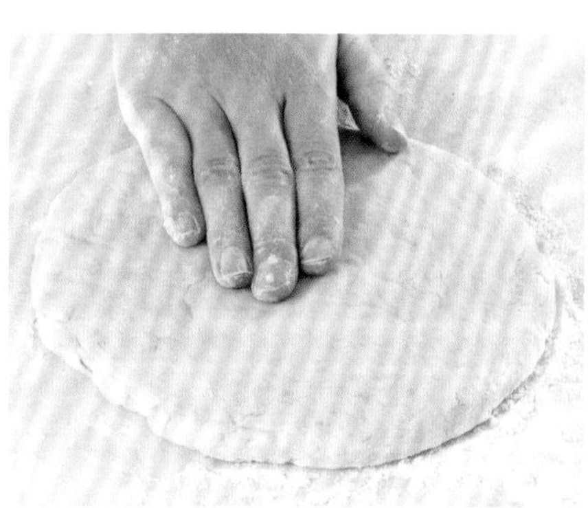

9 用掌心把面团压下成一块2厘米厚的面片，整个操作过程中所有原料都要尽可能保持低温。

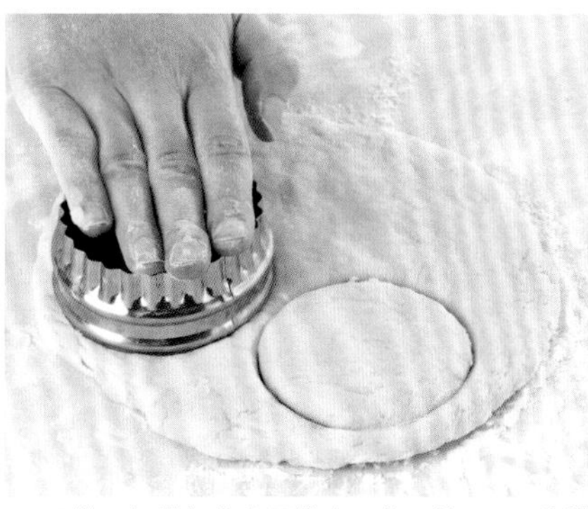

10 用饼干切模切出小圆饼（可参见第128页的烘焙大师的小点子）。

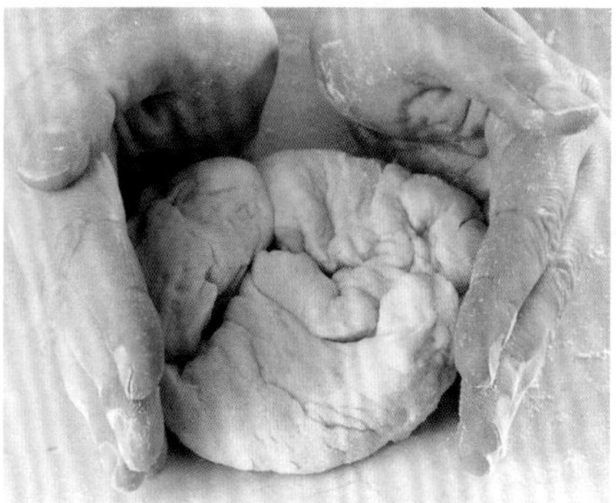

11 余下的边角料再次团起，压下，切成小圆饼。一共做出6~8块。

12 把圆饼摆在烤盘中，间距保持5厘米。

13 烤盘放入烤箱，烤制12~15分钟，表面金黄、鼓起即可。要想口感最佳，最好现做现吃，余下的在烤箱中保温。食用时剖开，如同肉夹馍一样夹上果酱、浓奶油、黄油等。

司康饼的花样翻新

葡萄干奶油司康饼

这些点缀着点点葡萄干的司康饼，最好从烤箱取出后直接上餐桌，若是抹上奶油或者黄油，口感更佳。

成品数量：6块 准备时间：15~20分钟 烘烤时间：12~15分钟 冷冻保存时间：4周

原料：

60克无盐黄油，切丁冷藏，多备少许，涂油层用
1个蛋黄
175毫升白脱牛奶，多备1汤匙
250克白高筋粉，多备少许，装点用
2茶匙泡打粉
1/2茶匙盐
1/4茶匙小苏打
2茶匙细砂糖
2汤匙葡萄干

做法详解：

1 预热烤箱至220℃ / 燃气7。1个烤盘铺烤盘纸、涂油层。蛋黄和1汤匙白脱牛奶一起击打均匀待用。

2 高筋粉、泡打粉、小苏打和盐一起过筛到盆中，加入糖、黄油，用手指揉搓，把混合物处理成细细的面包渣状。搅入葡萄干，把白脱牛奶慢慢倒入，用叉子搅动成一块粗糙的面团。

3 面团在撒了面粉的案板上，略略揉齐整后切成两半，分别压成直径15厘米、厚2厘米的面片，再分别把面片切成4等份，共8块。面团间距保持5厘米摆在烤盘中，表面刷上多备的1汤匙白脱牛奶。

4 烤盘放入烤箱，烤制12~15分钟，表面鼓起、变金黄即可。最好现做现吃，不宜过夜。

烘焙大师的小点子：

用切模切下面片或面团的动作和成品的口感有很大的关系。建议选用锋利的、金属材质的饼干切模。切的时候用力方向垂直向下，果断而直接。这样切出的司康饼烤出后形状最理想。

奶酪欧芹咸司康饼

司康饼可以简单转身成为咸味点心，格外酥香，绝对值得一试。

成品数量：6个大饼或20个小饼 准备时间：20分钟 烘烤时间：8~10分钟 冷冻保存时间：12周

所需工具：

直径4厘米的小饼干切模或者直径6厘米的大饼干切模

原料：

菜油，涂油层用
225克普通面粉，过筛，多备少许，装点用
1茶匙泡打粉
1小撮盐
50克无盐黄油，切丁冷藏
1茶匙干欧芹末
1茶匙黑胡椒，压碎
50克车达奶酪（又叫车打奶酪、切达奶酪），擦末
110毫升牛奶

做法详解：

1 预热烤箱至220℃ / 燃气7。面粉、泡打粉和盐一起放入盆中，加入黄油，用手指揉搓，把混合物处理成细细的面包渣状。

2 搅入欧芹末、黑胡椒碎、一半的奶酪末，加入适量的牛奶，混合成一个柔软的面团（余下的牛奶留作他用）。

3 面团在撒了面粉的案板上，用手压成厚2厘米的面片。用饼干切模切出司康饼（参见左侧的烘焙大师的小点子），有间距地摆在烤盘上。把余下的牛奶用刷子刷在司康饼表面，另一半的奶酪末也撒在司康饼表面。

4 烤盘放入烤箱，烤制8~10分钟，表面鼓起、变金黄即可。可以趁热食用，也可以完全冷却后冷食。当日食用，不宜过夜。

草莓司康饼

这是一款可爱的小点心，卖相甜美，口感清爽，炎热的夏日食用最为合适。

成品数量：6块
准备时间：15~20分钟
烘烤时间：12~15分钟
冷冻保存时间：无夹心的蛋糕可冷冻存放4周

所需工具：
直径8厘米的饼干切模

原料：
60克无盐黄油，多备少许，涂油层用
250克普通面粉，多备少许，装点用
1汤匙泡打粉
1/2茶匙盐
45克细砂糖
175毫升浓奶油，多备少许

浇汁料：
500克草莓，洗净、去除果把
2~3汤匙糖粉
2汤匙樱桃酒（可选）

夹心料：
500克草莓，洗净、去除果把，切成薄片
45克细砂糖，多备2~3汤匙
250毫升浓奶油
1茶匙香草精

做法详解：

1 预热烤箱至220℃／燃气7。1个烤盘涂油层。面粉、泡打粉和盐一起过筛到盆中，加入糖和奶油，用手指揉搓，把混合物处理成细细的面包渣状，最后搅入黄油，做成粗面包渣状。

2 把粗面包渣团起来，揉成面团。在撒了面粉的案板上略略揉搓，并压成1厘米厚的圆面片，用饼干切模切出6块司康饼（参见上一页的烘焙大师的小点子），有间距地摆在烤盘上。烤盘放入烤箱，烤制12~15分钟，表面鼓起、变金黄即可。取出后放在烤网上冷却。

3 制作浇汁。草莓用食物搅拌器处理成果泥，放入糖粉和樱桃酒搅匀即可。

4 制作夹心。草莓用糖拌过。搅打奶油直到膨松成型。加2~3汤匙糖和香草精，搅打直到变硬。司康饼剖开，草莓片放在下面那片司康饼上，抹上奶油，把上面一层司康饼放上，轻轻压实。食用时把浇汁浇在一侧。最好立即食用，不宜过夜。

威尔士小蛋糕

传统的英国小蛋糕，原料常见，准备简单，制作更是快捷，甚至都不需要预热烤箱。很像中国的烧饼哦！

成品数量：24块　准备时间：20分钟　烘烤时间：16~24分钟　冷冻保存时间：4周

所需工具：
直径5厘米的饼干切模

原料：
200克自发粉，多备少许，装点用
100克无盐黄油，切丁冷藏，多备少许，涂油层用，防粘
75克细砂糖，多备少许，装点用
75克葡萄干
1个大鸡蛋，打散
一点牛奶，备用

做法详解：

1 自发粉过筛到盆中，黄油投入。用手指揉搓，把混合物处理成细细的面包渣状。加入葡萄干和糖，鸡蛋液倒入。

2 用叉子搅动混合物，再用手揉成一块面团，如果偏硬，可多加入一点牛奶。

3 面团在撒了自发粉的案板上揉几下（不必揉至表面光滑），然后擀开成5毫米厚的面片，用饼干切模切出24个小圆饼。

4 厚底煎锅（如铸铁锅）上火，加入一点黄油防粘，分批把小圆饼放入煎烤，保持中小火，每面2~3分钟，圆饼膨胀、变金黄即可。

5 食用时撒上足量的细砂糖。威尔士小蛋糕最好立即食用。如果冷冻保存，食用时最好先室温解冻，再用烤箱加热。

烘焙大师的小点子：
威尔士小蛋糕是简便易做的下午茶点。煎烤时要保持中小火，翻面的时候要非常小心，因为这时候蛋糕正在发起，很容易破相。刚出锅的威尔士小蛋糕涂上黄油极其美味。

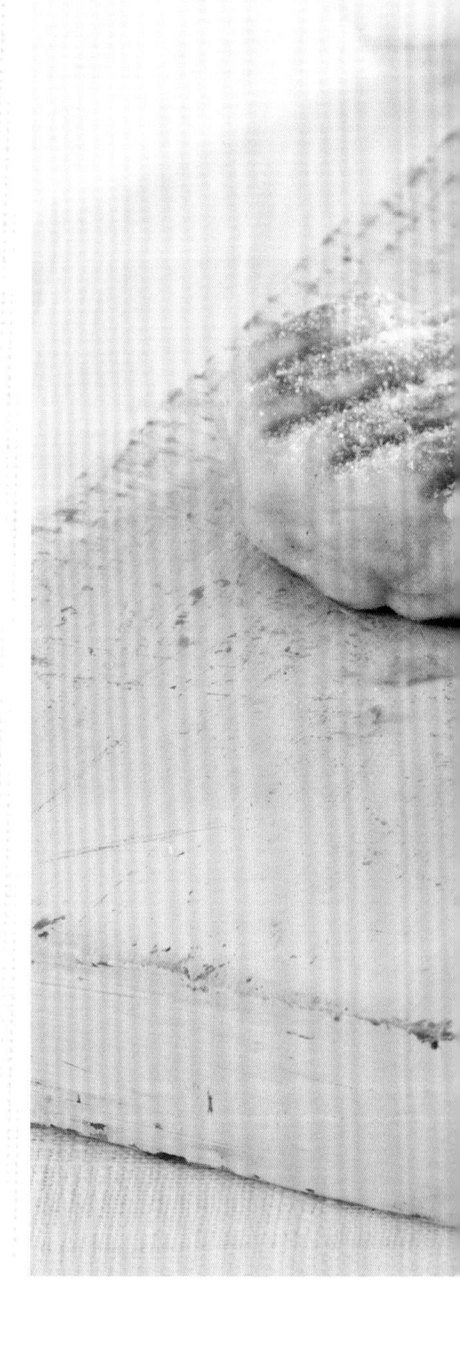

威尔士小蛋糕

石头蛋糕

就在不久前，这个历史悠久的英式蛋糕经历过一次复兴。如果正确操作，这款号称“石头”的小蛋糕实则轻盈、松脆。

成品数量：12块　准备时间：15分钟　烘烤时间：15~20分钟　冷冻保存时间：4周

原料：

200克自发粉
1小撮盐
100克无盐黄油，切丁冷藏
75克细砂糖
100克混合干水果，比如葡萄干、红莓干等
2个鸡蛋
2汤匙牛奶，多备少许
半茶匙香草精
黄油或者果酱，就食用（可选）

做法详解：

1 预热烤箱至190℃／燃气5。自发粉、黄油和盐一起放入盆中，用手指揉搓，混合处理成细细的面包渣状，最后搅入糖、干水果。混合物中央做出一个小坑。

2 鸡蛋、牛奶和香草精一起击打，混匀后倒入面包渣中，用叉子或手搅动，如果质地太干，可多加入一些牛奶，做成松散而潮湿的大块面包渣状，成为蛋糕料。

3 2张烤盘铺好烤盘纸。用汤匙舀满匙蛋糕料，有间距地摆放在烤盘纸上。烤盘放入烤箱，烤制15~20分钟，表面变金黄色即可。

4 蛋糕取出后放在烤网上稍凉。建议趁热食用，亦可从中剖开，抹上黄油或者果酱。最好当天食用，不宜储存过夜。

烘焙大师的小点子：

这种小蛋糕之所以叫石头蛋糕，因为其外形粗糙，貌似坚硬。把蛋糕料舀到烤盘中时，注意要堆起来5~7厘米高，这样就算烤制中会变扁平一些，也能保证经典的小石头外观。

巧克力奶油泡芙

奶油藏腹中、巧克力顶头上。成品袖珍可爱，颜色层次分明，口感脆糯交替，品相出众，味道一流。

食用人数：4人　准备时间：30分钟　烘烤时间：22分钟　冷冻保存时间：无夹心的蛋糕可冷冻存放12周

所需工具：
2个裱花袋、1厘米的平口裱花嘴和5毫米的星形裱花嘴

原料：
60克普通面粉
50克无盐黄油
2个鸡蛋，打散

夹心和顶部装饰：
400毫升浓奶油
200克优质黑巧克力，切碎
25克黄油
2汤匙金色糖浆

1 预热烤箱至220℃／燃气7。2个大烤盘铺烤盘纸。

2 面粉过筛到大盆中，筛子和盆的距离尽量远，这样面粉中可以包入最大量的空气。

3 黄油和150毫升水一起放入小锅，微火加热到黄油溶化，搅动均匀。

4 换大火煮沸后离火，把面粉倒入。

5 趁热用木勺搅动，到质地一致、滑腻。静置冷却10分钟。

6 逐渐地把鸡蛋液加入，击打均匀后再加入下一批。

7 把混合物做成光滑、细腻、松软、有光泽的面糊。

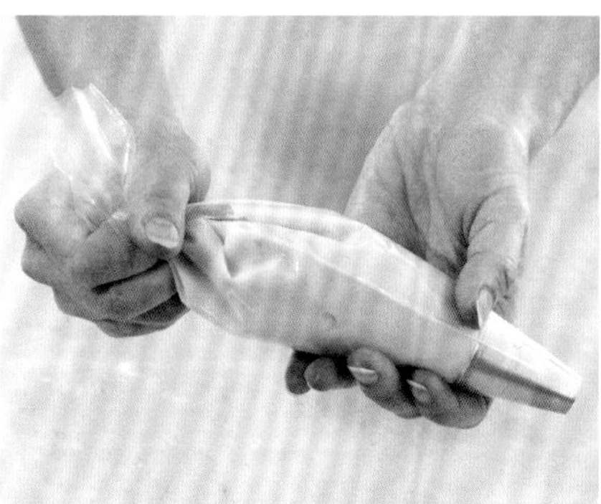

8 面糊倒入裱花袋中，装上平口裱花嘴。

9 把面糊有规律地挤在烤盘上，大小如核桃，注意留出间距。烤制20分钟至蛋糕鼓起、颜色金黄，泡芙就烤好了。

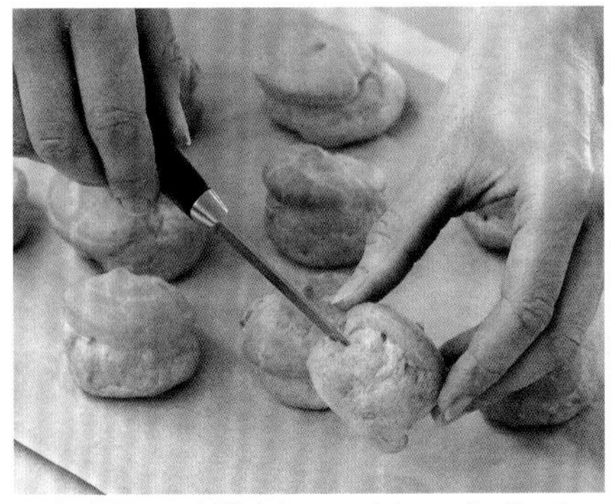

10 将泡芙从一侧横向切开，注意不可切断。这一是为了快速放出内部的热气，二是准备填入夹心。

11 放回烤箱继续烤制2分钟，取出放在烤网上冷却。

12 300毫升浓奶油用电动搅拌器搅打至膨松。

13 巧克力、黄油、糖浆和余下的100毫升浓奶油一起放入小锅中，微火加热，直到巧克力熔化，不时搅动，令混合物质地、颜色一致。

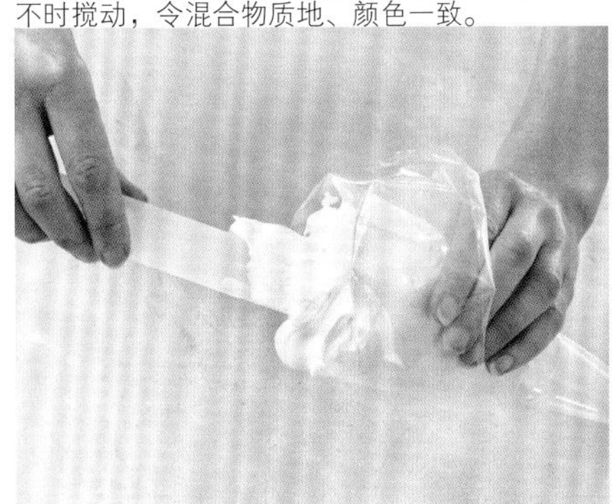

14 打发的浓奶油放入另一个裱花袋，配上星形裱花嘴。

15 把奶油逐个挤入泡芙中。

16 把泡芙放入甜点盘中，做出堆砌状，把小锅中做好的巧克力酱浇上，立即食用。

保存心得： 泡芙做好后可以先用真空保鲜袋装起，在阴凉处存放2天。食用的时候挤入奶油并加上浇汁。

奶油泡芙的花样翻新

巧克力橘香泡芙

巧克力和橘皮末的搭配是西方烘焙的经典搭配。橘皮的异香、柑曼怡的酒香让这款泡芙充满浪漫情调。最好选用可可含量不低于60% 的黑巧克力，让巧克力的苦味更浓一些。

食用人数：6人 准备时间：20分钟 烘烤时间：22分钟 冷冻保存时间：无夹心之前可冷冻存放12周

所需工具：
2个裱花袋、1厘米的平口裱花嘴和5毫米的星形裱花嘴

原料：
60克普通面粉
50克无盐黄油
2个鸡蛋，打散

夹心原料：
500毫升浓奶油或者可打发奶油
1个大橘子，皮擦细末
2汤匙柑曼怡（或其他柑橘味甜酒、利口酒）

顶部装饰：
150克优质黑巧克力，切碎
300毫升淡奶油
2汤匙金色糖浆
1汤匙柑曼怡（或其他柑橘味甜酒、利口酒）

做法详解：

1 预热烤箱至220℃ / 燃气7。2个大烤盘铺烤盘纸。面粉过筛到盆中，筛子和盆的距离尽量远，这样面粉中可以包入最大量的空气。

2 黄油和150毫升水一起放入小锅，微火加热到黄油溶化，搅动均匀。换大火煮沸后离火。把面粉倒入。趁热用木勺搅动，到质地一致、滑腻。冷却10分钟后，逐渐地把鸡蛋液注入，击打均匀后再加入下一批。最后的混合物应是光滑、细腻、松软而不松散、有光泽的面糊。

3 面糊倒入裱花袋中，装上平口裱花嘴，大小如核桃，有规律地挤在烤盘上，注意留出间距。烤制20分钟至蛋糕鼓起、颜色金黄。泡芙就烤好了。取出，将泡芙从一侧切开，注意不可切断。这样一是为了快速放出内部的热气，二是准备填入夹心。放回烤箱继续烤制2分钟，取出放在烤网上冷却。

4 制作夹心。奶油、橘皮末和柑曼怡一起击打，直到混合物稠厚，装入另一个裱花袋，配上星形裱花嘴，逐个挤入泡芙中。

5 制作顶部装饰用的巧克力酱。巧克力、奶油、糖浆和柑曼怡一起放入小锅中，微火加热，直到巧克力熔化，不断击打，令混合物质地、颜色一致，有光泽。最后浇在泡芙上，立即享用。

保存心得： 泡芙做好后可以先用真空保鲜袋装起，在阴凉处存放2天。食用的时候挤入奶油并加上浇汁。

烘焙大师的小点子：
第一次从烤箱中取出泡芙后，需要立即给泡芙侧切“放气”，不得延误。只有这样，泡芙才能里外都疏松香脆，否则泡芙内部将会发软，达不到想要的效果。

咸味奶酪三文鱼泡芙

在法国勃艮第地区，在任何一家烘焙店、餐馆都可以发现这款泡芙，它是这个地区最有名的小吃，常用作餐前点心。

食用人数：8人 准备时间：40~45分钟 烘烤时间：30~35分钟

原料：
75克无盐黄油，多备少许，涂油层用
1.25茶匙盐
150克普通面粉，过筛
6个鸡蛋
125克格鲁耶尔干酪（或者其他干酪），擦成碎末

三文鱼夹心原料：
盐和胡椒
1千克新鲜菠菜，择洗干净
30克无盐黄油
1个洋葱，切末
4瓣蒜，切末
1撮肉豆蔻粉
250克奶油奶酪
175克烟熏三文鱼，切成细条
4汤匙牛奶

做法详解：

1 预热烤箱至190℃ / 燃气5。2个大烤盘涂油层。黄油和250毫升水、3/4茶匙盐一起放入小锅，微火加热到黄油溶化后换大火煮沸。离火，把面粉倒入。趁热用木勺搅动，到质地一致、滑腻。再次上火，微火加热的同时用力击打，持续30秒。这是为了让混合物干些。

2 再次离火，冷却10分钟后，逐个加入4个鸡蛋，击打均匀后再加入下一个。然后加入一半的干酪碎末。最后的混合物应是光滑、细腻、松软而不松散、有光泽的厚面糊。面糊分成8份，呈圆团状堆放在烤盘上，直径大约8厘米。余下的鸡蛋和盐一起打散，刷在泡芙上，表面撒上另一半干酪碎末。入烤箱烤制30~35分钟，手指按压已凝固硬实即可。取出后放在烤网上，从中剖开后自然冷却。

3 半锅水上火，加点盐，水开后放入菠菜焯一下，变色后迅速捞出、过冷水、挤干水分，切碎待用。煎锅上火，放入黄油，先把洋葱煎软，再放入蒜末和肉豆蔻粉、盐、胡椒，最后放入菠菜，不断翻炒，直到里面的汁液完全蒸发。加入奶油奶酪，翻搅均匀。离火。

4 把2/3的三文鱼加入锅中，倒入牛奶，搅匀。每个泡芙中舀入2~3汤匙作为夹心。余下的三文鱼加在夹心料上，最后把上面的泡芙盖上，微微压实、整理。立即享用。

巧克力长条泡芙

这些长条状的泡芙，我们就当它们是传统圆球泡芙的堂兄吧。它也可以简单地花样翻新，比如顶部用香橘巧克力酱，配香橘味奶油夹心；或者使用手头现有的材料，设计喜欢的搭配。

食用人数：30人
准备时间：30分钟
烘烤时间：25~30分钟
冷冻保存时间：无夹心之前可冷冻存放12周

所需工具：
1个裱花袋和1厘米的平口裱花嘴

原料：
75克无盐黄油
125克普通面粉，过筛
3个鸡蛋
500克浓奶油或者可搅打奶油
150克优质黑巧克力，切碎

做法详解：

1 预热烤箱至200℃ / 燃气6。黄油和200毫升水一起放入小锅，微火加热到黄油溶化，搅动均匀。换大火煮沸后离火。把面粉倒入。趁热用木勺搅动，做成质地一致、滑腻的面糊。

2 鸡蛋打散，逐渐地注入面糊中，击打均匀后再加入下一批。最后的混合物应是光滑、细腻、松软而不松散、有光泽的泡芙糊，搅动时可以和锅的内壁分离、不沾。放入裱花袋。

3 裱花袋装上平口裱花嘴。挤出大约10厘米长的长条状，有规律地排列在烤盘上，注意留出间距，一共30个。用沾了水的刀把泡芙条两端修理整齐一致。入烤箱烤制20~25分钟至蛋糕鼓起、颜色金黄。泡芙就烤好了。取出立即将泡芙从一侧切开，注意不可切断。然后放回烤箱继续烤制5分钟。取出放在烤网上冷却。

4 制作夹心。打发奶油，直到膨松成型，用小勺舀到每一个泡芙中。黑巧克力放入耐热碗，碗放入加了水的敞口锅中上火加热，保持微微沸腾，直到巧克力熔化。熔化的巧克力抹到泡芙上，巧克力凝固之后即可食用。

保存心得：泡芙做好后可以先用真空保鲜袋装起，在阴凉处存放2天。食用时再加夹心、巧克力顶部。

覆盆子奶油蛋白酥

这些可爱的小点心采用了新鲜的覆盆子和奶油做夹心，配上现做的蛋白酥，绝对表里如一哦。

食用人数：6~8人　准备时间：10分钟　烘烤时间：60分钟

原料：
4个蛋白，室温放置（1个中等大小的鸡蛋蛋白，重量大约是30克）
约240克细砂糖，参照步骤3

夹心料：
100克覆盆子
300毫升浓奶油
1汤匙糖粉，过筛

所需工具：
金属盆，1个裱花袋和平口裱花嘴

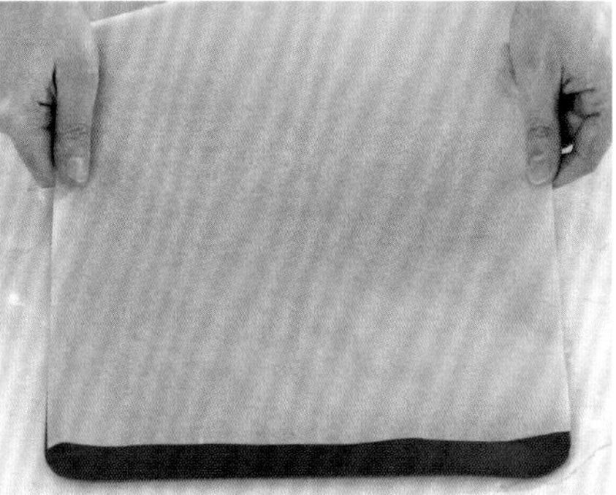

1 预热烤箱至120℃／燃气1/4。烤盘中铺入烤盘纸。

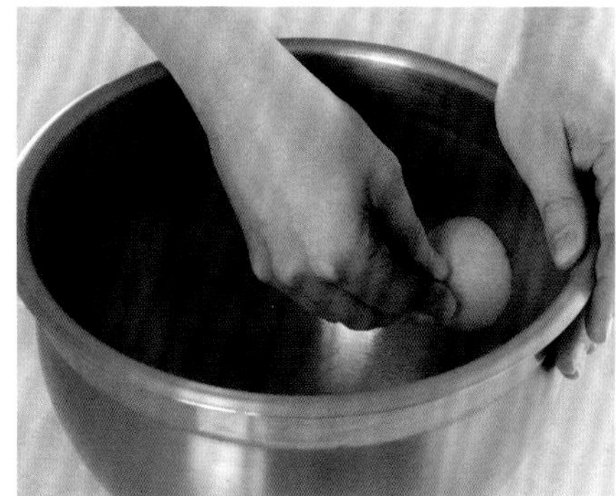

2 金属盆洗净擦干。最好再用半个柠檬把内壁擦一遍，确保无油。

3 称一下蛋白的分量。所需细砂糖的分量应该等于蛋白的分量。

4 在金属盆中击打蛋白，直到颜色发白，能够成型。

5 取一半的糖，用汤匙逐渐加入，击打均匀后再加入下一匙。

6 然后把另一半糖掺入。动作要轻快。

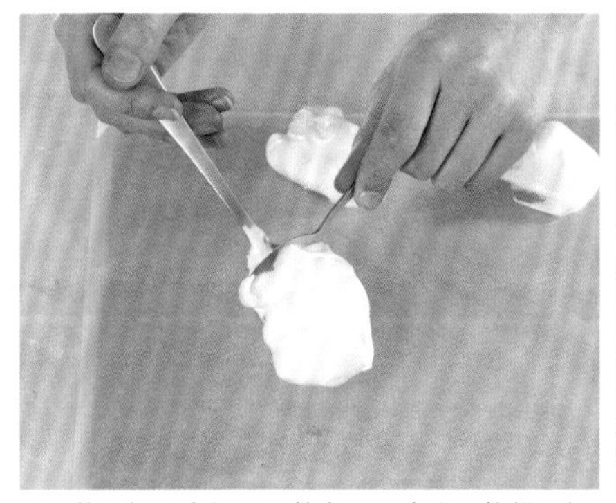

7 用茶匙把蛋白糊舀到烤盘上，大小如核桃，间距5厘米。

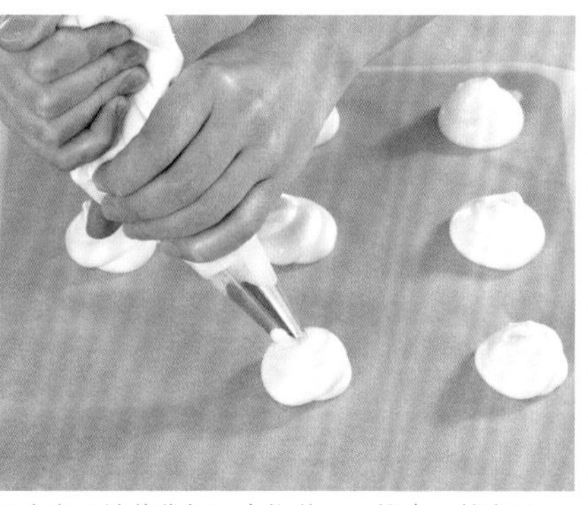

8 或者用裱花袋把蛋白糊装入，挤出。烤盘放入烤箱，烤制60分钟。

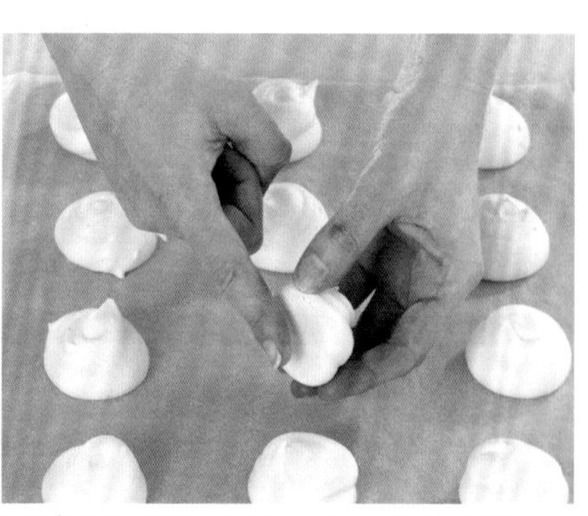

9 烤好的蛋白酥应该很容易从烤盘纸上拿起，手指敲击声音如同中空。

10 关掉烤箱，蛋白酥放在烤箱中自然冷却。然后取出在烤网上完全冷却。

11 覆盆子放在玻璃盆中，用叉子压碎。

12 另取一个盆击打奶油，直到稠厚但是尚未发硬。

13 把覆盆子和奶油混合，加入糖粉，做成夹心料。

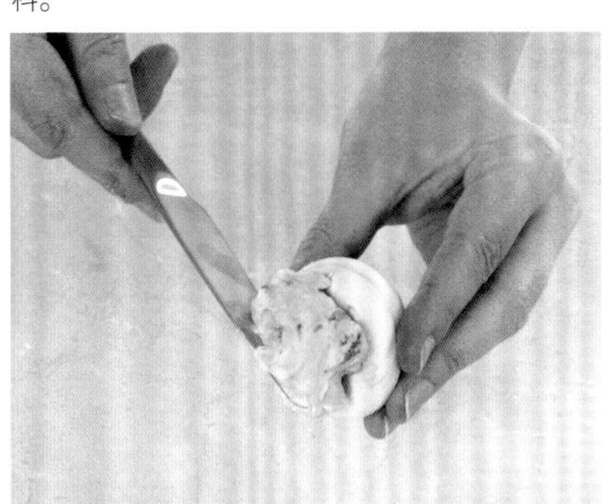
14 取一块蛋白酥，抹上适量夹心料。

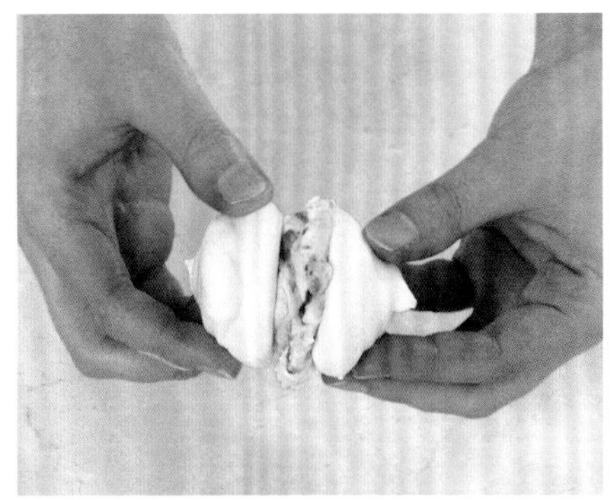
15 用另一块蛋白酥的底部压上夹心料，组合成一块夹心蛋白酥。

同法可制作法式袖珍餐前点： 挤出的蛋白糊分量减半，即做出较小的蛋白酥，烤制时间相应减少为45分钟。可制作大约20个小点心。

保存心得： 无夹心的蛋白酥可用真空保鲜袋装起，在阴凉处存放5天。

蛋白酥的花样翻新

巨人开心果蛋白酥

这些蛋白酥个子比较大，像大块的饼干，虽不适合夹心食用，但既可以单独食用，也可以自由搭配奶油、酸奶、水果等。

成品数量：8人　准备时间：15分钟　烘烤时间：90分钟

所需工具：
有刮刀的食物料理机
大的金属盆

原料：
100克无盐去壳的开心果
4个蛋白，室温放置（1个中等大小的蛋白，重量大约是30克）
约240克细砂糖（蛋白分量的2倍）

做法详解：

1 预热烤箱至120℃ / 燃气1/4。开心果铺入烤盘，烤制5分钟。取出后用餐巾包裹、揉搓，去掉多余的皮屑。把略少于一半、约40克的开心果碎用食物料理机粉碎成末，余下的切碎。

2 金属盆洗净擦干。蛋白放入击打，直到颜色发白，能够成型。接着加入糖，每次2茶匙，击打均匀后再加入下两匙。这样至少加入一半后，可以把余下的糖和开心果粉一并加入，轻快掺匀。

3 烤盘中铺入烤盘纸。用汤匙把蛋白糊舀到烤盘上，平分8份，间距5厘米。把开心果碎撒在上面。

4 烤盘放入烤箱，烤制90分钟。然后关掉烤箱，让蛋白酥和烤箱　起冷却。这样蛋白酥表面不会开裂。取出后，摆在烤网上完全冷却。食用时把它们堆在盘中，加强“巨量”的感觉。

保存心得：可用真空保鲜袋包严，在阴凉处存放3天。

柠檬果仁糖蛋白酥

这是款特别松脆的蛋白酥，制作过程不仅有趣，还附有果仁糖的简便做法哦。

食用人数：6人　准备时间：35分钟　烘烤时间：90分钟

所需工具：
裱花袋和星形裱花嘴

原料：
3个蛋白，室温放置（1个中等大小的蛋白，重量大约是30克）
约180克细砂糖（蛋白分量的2倍）
蔬菜油少许，涂油层用
60克粗糖
60克整颗去皮杏仁
1小撮塔塔奶油
85克黑巧克力，切碎
150毫升浓奶油
3汤匙柠檬软冻

做法详解：

1 预热烤箱至120℃/燃气1/4。烤盘中铺入烤盘纸。金属盆洗净擦干。蛋白放入击打，直到颜色发白，能够成型。接着加入糖，每次2茶匙，击打均匀后再加入下两匙。这样至少加入一半后，可以把余下的糖一并加入，轻快掺匀后装入裱花袋，在烤盘上挤出6个直径10厘米的圆饼，烤制90分钟。

2 与此同时制作果仁糖。另取一个烤盘刷油层待用。小厚底锅中放入粗糖、杏仁、塔塔奶油，小火加热至糖熔化，迅速泼到烤盘中，晃动烤盘使其分布均匀。完全冷却后掰碎。

3 巧克力隔水加热。奶油打发至能拖出长尾巴时，把柠檬软冻掺入。先把巧克力分别舀在烤好冷却的蛋白酥上，等巧克力凝固之后再把奶油柠檬软冻加上，随之把果仁糖撒上，即可享用。

保存心得：蛋白酥可用真空保鲜袋包严，在阴凉处存放5天。食用时再添加巧克力等。

栗香蛋白酥

如果选用甜栗子泥，就可略去夹心原料中的细砂糖，这样不太腻。

成品数量：8人　准备时间：20分钟　烘烤时间：45~60分钟

所需工具：
大个金属盆
直径10厘米（4英寸）的饼干切模

原料：
4个蛋白，室温放置（1个中等大小的鸡蛋蛋白，重量大约是30克）
约240克的细砂糖（蛋白分量的2倍）
葵花籽油少许，涂油层用

夹心原料：
435克栗子泥
100克细砂糖
1茶匙香草精
500毫升浓奶油
糖粉少许，装点用

做法详解：

1 预热烤箱至120℃／燃气1/4。金属盆洗净擦干。蛋白放入击打，直到颜色发白，能够成型。接着加入糖，每次2茶匙，击打均匀后再加入下两匙。这样至少加入一半后，可以把余下的糖一并加入，轻快掺匀。

2 饼干切模内侧抹油，2个大烤盘中铺入烤盘纸。把饼干切模放入烤盘，击打的蛋白徐徐注入切模内，大约3厘米高。表面抹平，小心取开切模，换一个位置，再次把蛋白注入。照此做出8块蛋白酥。

3 入烤箱烤制。如果喜欢发黏耐嚼的口感，烤制45分钟；如果喜欢松脆酥香的口感，烤60分钟。时间到后关掉烤箱，让蛋白酥在烤箱里变凉。然后取出在烤网上凉透。

4 栗子泥和香草精、4汤匙浓奶油一起放入大碗（如果是无糖栗子泥，则需加入适量细砂糖），击打，直到质地一致光滑后，过滤网，令质地更轻盈。另一个碗中击打余下的奶油，体积翻倍即可。

5 先舀1汤匙的栗子奶油放在蛋白酥上，抹平后再加上1汤匙击打的奶油，略略抹过，留有自然的波纹最好。最后撒上糖粉即可食用。

保存心得：蛋白酥可用真空保鲜袋装起，在阴凉处存放5天。食用时再添加栗子奶油等。

烘焙大师的小点子：

制作蛋白酥，对击打蛋白的盆有特殊的要求：1.金属盆；2.不可有油痕；3.不可有水迹。此外，糖和蛋白的分量越接近越好，最好先称量蛋白，记录准确的分量，再称出等量的糖。

美妙零食篇

榛子葡萄干燕麦饼干

如果只能选择一种饼干，这个是最佳的选择。它松脆适口，香甜不腻，好滋味、好健康，大人孩子都开心！

成品数量：18块
准备时间：20分钟
烘烤时间：10~15分钟
冷冻保存时间：8周

原料：

100克榛子
100克无盐黄油，室温软化
200克绵棕糖
1个鸡蛋，打散
1茶匙香草精
1汤匙蜂蜜
125克自发粉，过筛
125克大块燕麦片
1小撮盐
100克葡萄干
少许牛奶，备用

1 预热烤箱至190℃／燃气5。把榛子平铺到烤盘里，入烤箱烤制约5分钟。

2 颜色变棕后，用餐巾包起，轻轻用手揉搓，尽可能去掉表皮。

3 把榛子大致切碎，放一旁待用。

4 另取一个盆，用电动搅拌器击打黄油和糖，混匀至光滑一致。

5 把鸡蛋、香草精、蜂蜜倒入，继续击打，再次成光滑一致的稠糊。

6 燕麦片、自发粉、盐一起添入。

7 用木勺耐心搅动，直到混合物充分混匀。

8 最后把榛子碎和葡萄干放入，继续搅动，让榛子碎和葡萄干分布均匀，做成饼干糊。

9 如果感觉饼干糊太硬太干，可以添入适量牛奶。不可过多，饼干糊能抱团即可。

10 烤盘中铺入烤盘纸，用手取饼干糊，揉成核桃大小的小球。

11 把小球压扁成小圆饼状，注意留出足够的间距。

12 入烤箱烤制10~15分钟。饼干变色、周边金黄就好了。

13 完全凉透后食用口感最佳。

保存心得： 可放入密闭容器，在阴凉处存放5天。如果在周日晚上做出一批，那么整个星期全家都会有香喷喷的饼干吃啦。

干果类饼干的花样翻新

红莓开心果燕麦饼干

隐约闪现的红色是红莓干的身影，微绿发白的则是开心果。和前面榛子葡萄干燕麦饼干相比，这一款的风格更为成熟典雅。

成品数量：24块　准备时间：20分钟　烘烤时间：10~15分钟　冷冻保存时间：8周

原料：

100克无盐黄油，室温软化
200克绵棕糖
1个鸡蛋
1茶匙香草精
1汤匙蜂蜜
125克自发粉，过筛
125克燕麦片
1小撮盐
100克淡味开心果，烤熟并大致切碎
100克红莓干，大致切碎
少许牛奶，备用

做法详解：

1 预热烤箱至190℃／燃气5。用电动搅拌器击打黄油和糖，混匀至光滑一致。把鸡蛋、香草精、蜂蜜倒入，继续击打，再次成光滑一致的稠糊。

2 燕麦片、自发粉、盐一起添入稠糊中，用木勺搅动。最后把开心果碎和红莓干放入，继续搅动，让开心果碎和红莓干分布均匀，耐心搅动，直到混合物充分混匀成饼干糊。如果感觉饼干糊太硬太干，可以添入适量牛奶。不可过多，饼干糊能抱团即可。

3 烤盘中铺入烤盘纸，用手取饼干糊，揉成核桃大小的小球摆入烤盘中。把小球压扁成小圆饼状，注意留出足够的间距。

4 入烤箱烤制10~15分钟。饼干变色、周边金黄就好了。取出后在烤网上完全冷却。完全凉透后饼干才会松脆，口感最佳。

保存心得：可放入密闭容器，在阴凉处存放5天。

烘焙大师的小点子：
实践几次后，一旦得心应手，就可以随心选择果干、新鲜水果和果仁来搭配出自己和家人最爱的口味。常见的葵花籽、南瓜籽、苹果、香蕉、杏干甚至蜜饯等均可考虑。

苹果肉桂粉饼干

新鲜的苹果擦末为原料，让这款点心绵软又耐嚼，还有隐约的苹果清香。如果不喜欢肉桂粉的味道，可以减半或者干脆略去。

成品数量：24块　准备时间：20分钟　烘烤时间：10~15分钟　冷冻保存时间：8周

原料：

100克无盐黄油，室温软化
200克绵棕糖
1个鸡蛋
1茶匙香草精
1汤匙蜂蜜
125克自发粉，过筛
125克燕麦片
1小撮盐
2茶匙肉桂粉
2个苹果，削皮、去核，擦末
少许牛奶，备用

做法详解：

1 预热烤箱至190℃／燃气5。用电动搅拌器击打黄油和糖，混匀至光滑一致。把鸡蛋、香草精、蜂蜜倒入，继续击打，再次成光滑一致的稠糊。

2 燕麦片、自发粉、肉桂粉和盐一起添入稠糊中，用木勺搅动。最后把苹果末放入，继续搅动，让苹果末分布均匀，耐心搅动，直到混合物充分混匀成饼干糊。如果感觉饼干糊太硬太干，可以添入适量牛奶。不可过多，饼干糊能抱团即可。

3 烤盘中铺入烤盘纸，用手取饼干糊，揉成核桃大小的小球摆入烤盘中。把小球压扁成小圆饼状，注意留出足够的间距。

4 入烤箱烤制10~15分钟。饼干变色、周边金黄就好了。取出后在烤网上完全冷却。完全凉透后饼干才会松脆，口感最佳。

保存心得：可放入密闭容器，在阴凉处存放5天。

白巧克力澳洲坚果饼干

传统的巧克力饼干中加上了澳洲坚果，给经典配方增添新意，味道更香，品相更美。

成品数量：24块 准备时间：25分钟 烘烤时间：10~15分钟 冷冻保存时间：4周

冷藏定型时间：
30分钟

原料：
150克优质黑巧克力，切碎
100克自发粉
25克可可粉
75克无盐黄油，室温软化
175克绵棕糖
1个鸡蛋，打散
1茶匙香草精
50克澳洲坚果（又称夏威夷果、澳大利亚坚果），烤熟并大致切碎
50克白巧克力，大致切碎

做法详解：

1 预热烤箱至180℃／燃气4。黑巧克力隔水熔化后静置冷却，自发粉和可可粉一起过筛。

2 取一个大盆，把黄油和糖放入，用电动搅拌器击打，混匀至光滑一致、膨松如羽毛。把鸡蛋、香草精加入，继续击打，再次光滑一致时倒入自发粉混合物中，用木勺搅动令其混合均匀。最后把澳洲坚果碎和白巧克力放入，继续耐心搅动，让澳洲坚果碎和白巧克力碎分布均匀，做成饼干糊。饼干糊用保鲜膜盖好，入冰箱冷藏30分钟以定型。

3 烤盘中铺入烤盘纸，用汤匙取饼干糊，舀入烤盘中并用匙背压扁成小圆饼状。注意大小一致、留出足够的间距。

4 入烤箱烤制10~15分钟。饼干周边硬实，中间还柔软即可。在烤盘中冷却片刻后，转移到烤网上完全冷却。完全凉透后饼干才会松脆，口感最佳。

保存心得：可放入密闭容器，在阴凉处存放3天。

黄油饼干

这是我个人最喜欢的饼干之一。原料简单易得，做法简便快速，味道嘛，让人忍不住吃了还想吃。

成品数量：30块　准备时间：15分钟　烘烤时间：10~15分钟　冷冻保存时间：8周

所需工具：
直径7厘米的饼干切模
带刮刀的食物料理机（可选）

原料：
100克细砂糖
225克普通面粉，过筛，多备少许
150克无盐黄油，切丁、软化
1个蛋黄
1茶匙香草精

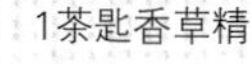

1 预热烤箱至180℃／燃气4。准备几个不粘烤盘。

2 把糖、黄油、面粉一并放入大盆中，或者放入食物料理机中。

3 用手搅拌、揉搓，或开动搅拌功能，把混合物处理成细细的面包渣状。

4 加入蛋黄、香草精，把混合物搅成面团。

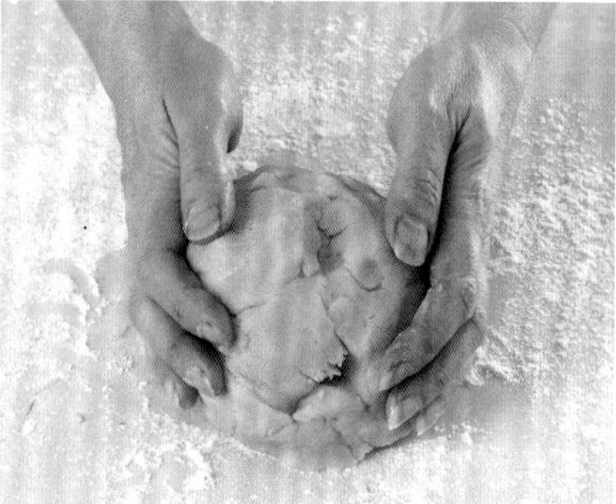

5 案板上撒上面粉，面团取出在案板上揉，直到光滑。

6 再次在案板上撒足量面粉，把面团擀开成大约5毫米厚的面片。

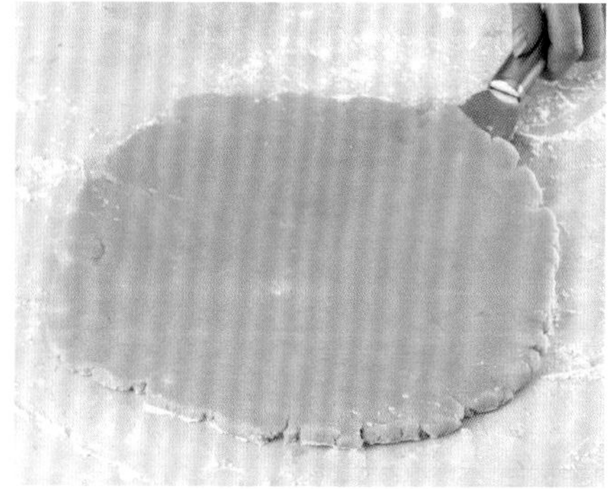

7 擀开的过程中用抹刀伸到面片下，挪动面片几次，防止粘到案板上。

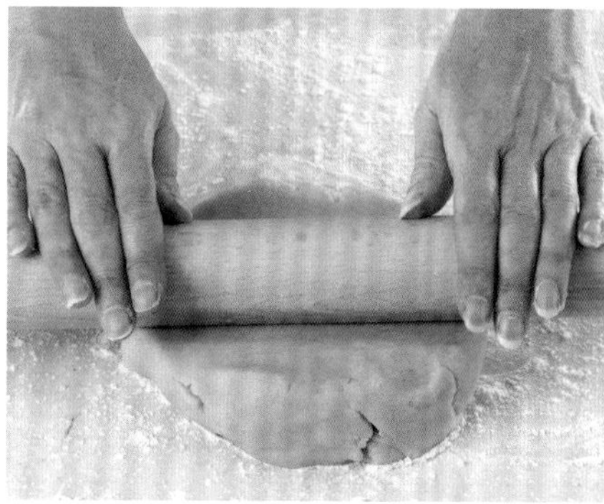

8 如果面团太黏，不好擀开，就先把它用保鲜膜包起来，冷藏15分钟后再试。

9 面片擀开后，用饼干切模切出小圆饼，放到烤盘上。

10 剩余的边角面片重新揉搓擀开成5mm厚的圆饼。一共可做出大约30块。

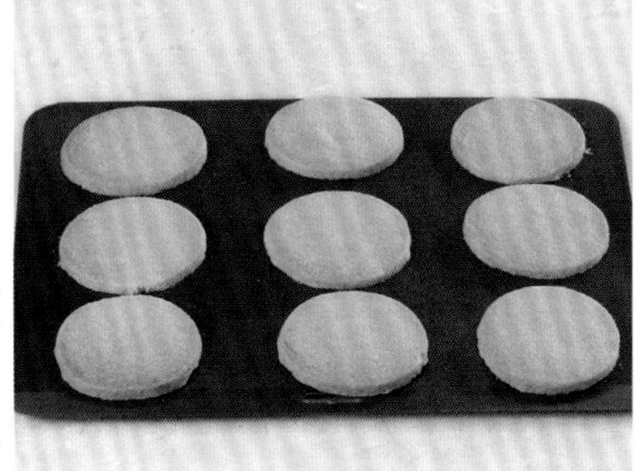

11 入烤箱烤制10~15分钟，至饼干周边金黄变色。

12 刚取出的饼干是软的，要停留在烤盘中冷却变硬后，再转移到烤网上。

13 完全凉透后，饼干就会松脆，口感最佳。
保存心得：可放入密闭容器，在阴凉处存放5天。

黄油饼干的花样翻新

姜味饼干

姜味饼干在西方是饼干的一大家族。姜味让人温暖，让平淡的饼干有别样的滋味。

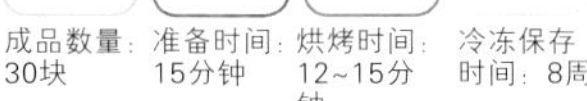

成品数量：30块　准备时间：15分钟　烘烤时间：12~15分钟　冷冻保存时间：8周

所需工具：
直径7厘米的饼干切模
有刮刀的食物料理机或搅拌器

原料：
100克细砂糖
225克普通面粉，过筛，多备少许
150克无盐黄油，切丁、软化
1茶匙姜粉
50克蜜饯姜片或者姜糖，切细末
1个蛋黄
1茶匙香草精

做法详解：

1 预热烤箱至180℃ / 燃气4。准备3~4个不粘烤盘。把糖、黄油、面粉一并放入大盆中（或者放入食物料理机中处理）。用手搅拌、揉搓，把混合物处理成面包渣状，搅入姜粉和姜末。

2 加入蛋黄、香草精，把混合物搅成一个面团。案板上撒上面粉，面团取出在案板上揉，直到光滑。

3 再次在案板上撒足量面粉，把面团擀开成大约5毫米厚的面片。用饼干切模切出小圆饼，放到烤盘上。

4 入烤箱烤制12~15分钟，至饼干周边金黄变色。取出后在烤盘中冷却到饼干变硬后，再转移到烤网上完全冷却。

保存心得：可放入密闭容器，在阴凉处存放5天。

杏仁黄油饼干

这款饼干不是特别甜，口味清淡，非常适合现代人。杏仁和杏仁精的加入让饼干“淡而有味”，品尝过程更为有趣。

成品数量：30块　准备时间：15分钟　烘烤时间：12~15分钟　冷冻保存时间：8周

所需工具：
直径7厘米的饼干切模
有刮刀的食物料理机或搅拌器

原料：
100克细砂糖
225克普通面粉，过筛，多备少许
150克无盐黄油，切丁、软化
40克杏仁片，烤熟
1个蛋黄
1茶匙杏仁精

做法详解：

1 预热烤箱至180℃ / 燃气4。准备3~4个不粘烤盘。把糖、黄油、面粉一并放入大盆中（或者放入食物料理机中处理）。用手搅拌、揉搓，把混合物处理成面包渣状，搅入杏仁片。

2 加入蛋黄、杏仁精，把混合物搅成一个面团。案板上撒上面粉，面团取出在案板上揉，直到光滑。

3 再次在案板上撒足量面粉，把面团擀开成大约5毫米厚的面片。用饼干切模切出小圆饼，放到烤盘上。入烤箱烤制12~15分钟，至饼干周边金黄变色。取出后在烤盘中冷却到饼干变硬后，再转移到烤网上完全冷却。

保存心得：可放入密闭容器，在阴凉处存放5天。

烘焙大师的小点子：
采购原料的时候，要注意注明“essence”的是人工合成的食物添加香精，只有“extract”才来自天然。这些饼干，如果擀得更薄些，烤制5~8分钟，就成为更香脆可口的茶点、最理想不过的咖啡伴侣。

德式圣诞酥饼干

这是德国家家户户都要准备的圣诞点心。这里稍加改动，保留了原来酥松的质地和黄油的浓香，更适合大众口味。

成品数量：45块　准备时间：45分钟　烘烤时间：15分钟

所需工具：
裱花袋和星形裱花嘴

原料：
380克无盐黄油，软化
250克细砂糖
几滴香草精
1小撮盐
500克普通面粉，过筛
125克杏仁粉
2个蛋黄（可选）
100克黑巧克力或者牛奶巧克力

做法详解：

1 预热烤箱至180℃ / 燃气4。准备2~3个不粘烤盘。把黄油放入大盆中用电动搅拌器击打至滑腻松软。加入糖、香草精、盐，继续击打直到糖溶化。然后用汤匙逐渐地加入2/3的面粉，一边不停搅动，始终保持混合物质地一致。

2 加入余下的面粉和杏仁粉，可用手揉搓，把混合物处理成软面团，如果面团偏硬，此时可加入适量蛋黄。准备好的面团放入裱花袋，在烤盘上挤出大约7.5厘米长的条状饼干，注意间距。

3 入烤箱烤制大约15分钟，至饼干金黄变色。取出后在烤盘中稍凉，转移到烤网上完全冷却。同时把黑巧克力或者牛奶巧克力隔水加热熔化或者微波炉加热熔化，用手拿着饼干把一半蘸入巧克力液，挂上巧克力浆后放回烤网上。巧克力凝固之后即可享用。

保存心得：可放入密闭容器，在阴凉处存放2~3天。

姜饼小人儿

小朋友们都爱姜饼小人儿，不管男孩女孩，和妈妈一起制作姜饼小人儿都是一个充满乐趣的亲子游戏。

成品数量：16块

准备时间：20分钟

烘烤时间：10~12分钟

冷冻保存时间：待烤的饼干面团可冷冻存放8周

所需工具：

11厘米长的姜饼人切模

裱花袋和小号裱花嘴

原料：

4汤匙金色糖浆

300克普通面粉，多备少许

1茶匙小苏打

1.5茶匙姜粉

1.5茶匙混合香料

100克无盐黄油，切丁、软化

150克棕黑绵糖

1个鸡蛋

葡萄干，装点用

糖粉，过筛（可选）

1 预热烤箱至190℃/燃气5。用小锅把金色糖浆加热，化成糖水后离火、放凉。

2 面粉、小苏打、香料、姜粉一起过筛到盆中，黄油丁放入。

3 用手指揉搓，把混合物处理成面包渣状。

4 加入糖，搅匀，中央做出一个小坑。

5 鸡蛋打散倒入步骤1制作的放凉的糖水中，充分击打。

6 把鸡蛋糖水倒入干料中的小坑。用木勺搅动成团。

7 面团放在撒了面粉的案板上揉，表面光滑为止。

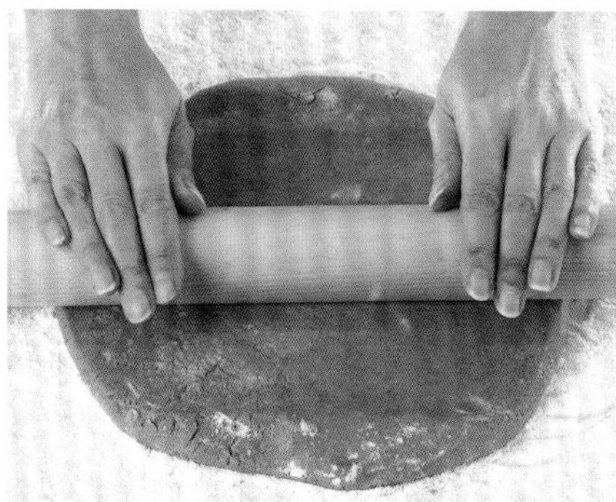

8 案板上多撒些面粉，把面团擀开成5毫米厚的面片。

9 用姜饼人切模切出尽可能多的小人，放到不粘烤盘上。

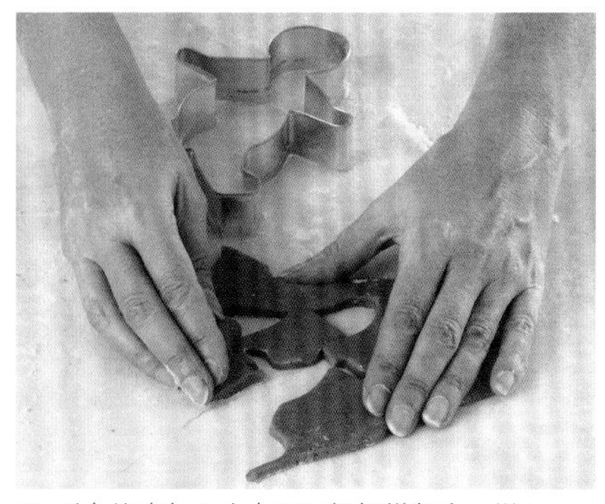

10 剩余的边角面片也要重新揉搓起来，擀开，并且切成小人。

11 用葡萄干装饰在小人上，给小人做出眼睛、嘴巴，安上纽扣。

12 烤制10~12分钟，直至颜色成金黄。取出后在烤盘中稍凉，移放到烤网上凉透。

13 接下来的步骤为可选项。如果还想进一步装饰小人，可把糖粉用适量水调成糖浆状。

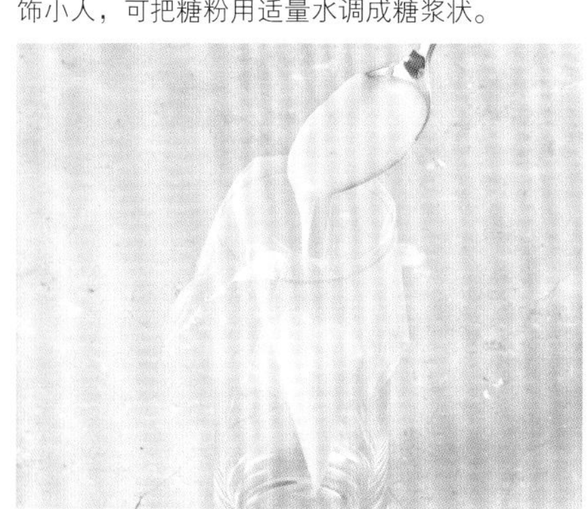

14 裱花袋套在一个杯子里，把糖浆装入裱花袋。

15 把糖浆挤出细条，给小人画出衣领、裤子等，这是让孩子发挥想象、心花怒放的环节。

16 糖浆凝固后，即可食用或者保存起来。

保存心得：可放入密闭容器，在阴凉处存放3天。

姜味饼干的花样翻新

瑞典圣诞饼干

这个饼干，从一款传统瑞典圣诞饼干稍加改动而来，既保留了原有特色，又有创新。饼干越薄越好，才会轻盈、香脆。

成品数量：60块　准备时间：20分钟　烘烤时间：10分钟　冷冻保存时间：待烤的饼干面团可冷冻存放8周

冷藏定型时间：
60分钟

所需工具：
8厘米（3英寸）的星形或者心形饼干切模

原料：
125克无盐黄油，室温软化
150克细砂糖
1个鸡蛋
1汤匙金色糖浆
1汤匙黑色蜜糖
250克普通面粉，多备少许
1小撮盐
1茶匙肉桂粉
1茶匙姜粉
1茶匙混合香料

做法详解：

1 用电动搅拌器击打黄油和糖，质地一致时把鸡蛋打入，金色糖浆和黑色蜜糖加入，一起混匀。面粉、盐、香料过筛加入，用木勺搅拌均匀并且搅成粗糙的面团。

2 面团放在撒了面粉的案板上揉，表面光滑时用保鲜膜包起，放入冰箱冷藏60分钟以定型。

3 预热烤箱至180℃／燃气4。案板上多撒些面粉，把面团擀开成3毫米厚的面片。用切模切出尽可能多的心形或者星形，放到不粘烤盘上。

4 烤盘放入烤箱上部，烤制10分钟，见周边微微变黑立即取出，在烤盘中稍凉几分钟后，把饼干移放到烤网上凉透。

保存心得： 可放入密闭容器，在阴凉处存放5天。

烘焙大师的小点子：
这里提到的传统瑞典圣诞饼干原名叫“Pepparkakor”。在瑞典，用这些饼干装饰圣诞树是一个历史悠久的传统。具体做法：饼干坯子做好、烤制之前，用吸管、扦子在一侧扎个小洞。烤制之后，丝带穿过小洞系好，就可以挂到树上了。

坚果姜饼

掺入切碎的各种坚果，让这款姜饼与众不同，别有滋味。

成品数量：45块　准备时间：30分钟　烘烤时间：8~10分钟　冷冻保存时间：待烤的饼干面团可冷冻存放8周

所需工具：
8厘米（3英寸）的饼干切模

原料：
250克普通面粉，多备少许
2茶匙泡打粉
175克细砂糖
几滴香草精
1/2茶匙混合香料
2茶匙姜粉
100克蜂蜜
1个鸡蛋，蛋黄、蛋白分离
4茶匙牛奶
125克黄油，切丁、室温软化
125克杏仁粉
榛子或杏仁，大致切碎

做法详解：

1 预热烤箱至180℃／燃气4。2个烤盘铺烤盘纸。

2 面粉和泡打粉过筛到大盆中，除了蛋白、切碎的榛子或杏仁外，把其他所有原料一起加入大盆中。用木勺耐心搅拌，最后用手整理成一个面团。

3 面团放在撒了面粉的案板上揉，表面光滑时擀开成5毫米厚的面片。用切模切出尽可能多的饼干坯子，放到烤盘上，注意留有间距。蛋白击打散开，用刷子刷在饼干表面，立即把切碎的榛子或杏仁撒在表面。烤盘放入烤箱，烤制8~10分钟，变成金棕色即可。

4 在烤盘中稍凉几分钟后，把饼干移放到烤网上凉透。

保存心得： 可放入密闭容器，在阴凉处存放3天。

圣诞之星肉桂饼干

这款德国传统圣诞饼干制作简便，可以帮助你在最后时刻搞定圣诞礼物。

成品数量：30块
准备时间：20分钟
烘烤时间：12~15分钟
冷冻保存时间：待烤的饼干面团可冷冻存放4周

冷藏定型时间：
60分钟

所需工具：
8厘米（3英寸）的星形饼干切模

原料：
2个大蛋白
225克糖粉，多备少许，装饰用
1/2茶匙柠檬汁
1茶匙肉桂粉
250克杏仁粉
蔬菜油少许，涂油层用
少量牛奶，备用

做法详解：

1 用电动搅拌器击打蛋白到膨松成型。加入糖粉、柠檬汁继续击打5分钟，质地变厚、有光泽即可。混合物取出2汤匙，用保鲜膜盖好，放一旁静置待用。

2 肉桂粉和杏仁粉一起掺入余下的蛋白混合物中，质地均匀时用保鲜膜盖好，放入冰箱冷藏60分钟以定型。混合物冷藏过后，呈稠厚的面糊状。

3 预热烤箱至160℃／燃气3。案板上撒些糖粉，把面糊倒出来，加入适量的糖粉，揉成一块软面团，然后擀开成5毫米厚的面片。

4 切模涂油防粘，用切模切出尽可能多的星星，放到不粘烤盘上。把保留出来的2汤匙蛋白混合物刷在饼干表面，如果太稠，可加入适量牛奶稀释到适合涂抹的程度。

5 烤盘放入烤箱上部，烤制12~15分钟。取出烤盘后，让饼干在其中稍凉几分钟，再移放到烤网上凉透。

保存心得：可放入密闭容器，在阴凉处存放5天。

意式花瓣饼干：卡尼思脆莉

花瓣饼干，多么美丽的意象。这款饼干有酥松、轻盈的质地，享用的过程充满愉悦。

成品数量：20~30块 准备时间：20分钟 烘烤时间：15~20分钟 冷冻保存时间：4周

冷藏定型时间：
30分钟

所需工具：
花瓣形饼干切模或者一大一小2个圆饼干切模

原料：
3个完整的蛋黄
150克无盐黄油，室温软化
150克糖粉，过筛
半个柠檬，皮擦细末
150克土豆粉
100克自发粉（也可全部使用土豆粉），多备少许，装点用

做法详解：

1 敞口锅加小半锅水，烧开后保持微微沸腾。把蛋黄小心地滑入锅中，慢炖大约5分钟，蛋黄完全硬熟后取出放凉。凉透之后把蛋白残渣去掉，蛋黄用勺子背压过金属滤网，进入小碗中。

2 用电动搅拌器击打黄油和糖，轻盈膨松时，把蛋黄、柠檬皮末加入混匀。

3 自发粉和土豆粉过筛到黄油蛋黄混合物中，用木勺耐心搅动，成为光滑柔软的面团。面团用保鲜膜包起来，放入冰箱冷藏30分钟以定型，让质地硬实些。预热烤箱至160℃／燃气3。准备3~4张不粘烤盘。

4 面团放在撒了自发粉的案板上揉，表面光滑时擀开成1厘米厚的面片。用花瓣切模切出尽可能多的饼干坯子，放到烤盘上，注意留有间距。如果是用大小2个切模，就把大小2个坯子叠起来。

5 烤盘放入烤箱上层，烤制15~20分钟，颜色开始变为金棕色即可。这些饼干在没有凉透之前非常娇气易碎，所以取出后让它们在烤盘中冷却至少10分钟后，才可以挪动到烤网上凉透。

保存心得：可放入密闭容器，在阴凉处存放5天。

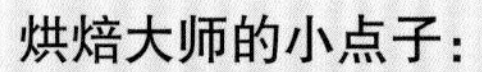

烘焙大师的小点子：
这些精美易碎的饼干来自意大利的利古里亚地区。土豆粉（不是土豆淀粉哦）的使用是这个饼干最大的特点，可以说没有土豆粉的卡尼思脆莉，不能叫地道的卡尼思脆莉。如果采购土豆粉有困难，就用低筋面粉代替山寨一把。

美妙零食篇

杏仁蛋白马卡龙小饼

这款马卡龙（不要和法式马卡龙混淆）表层酥香，内部黏厚，内外如此不一，口感超出预期，让人赞叹！

成品数量：24块　准备时间：10分钟　烘烤时间：12~15分钟

所需工具：
可食用华夫纸或糯米纸（可选）

原料：
2个蛋白
225克细砂糖
125克杏仁粉
30克大米粉
几滴杏仁精
24颗去皮整粒杏仁

1 预热烤箱至180℃ / 燃气4。用电动搅拌器击打蛋白到膨松成型。

2 一边击打，一边加入糖，一次1茶匙，持续击打几分钟，使混合物看起来浓稠、有光泽。

3 大米粉、杏仁粉和杏仁精一起掺入蛋白混合物中，搅动至质地均匀、颜色一致，做成饼干糊。

4 把华夫纸或糯米纸铺在烤盘上（或者使用普通烤盘纸）。

5 准备2把茶匙和1小碗水，水用来清洁茶匙。

6 每4茶匙饼干糊堆成一个饼干，注意留有间距。每次用完茶匙都要在水中清洗并擦干。

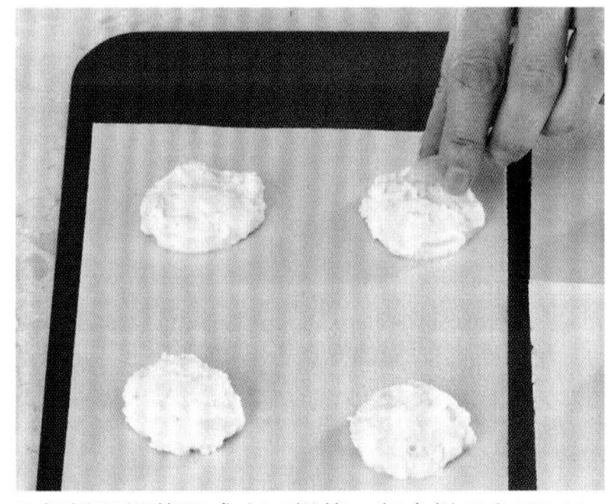

7 把饼干糊整理成小圆饼状，每个饼干上面压入1颗杏仁。

8 烤盘放入烤箱中部，烤制12~15分钟，饼干表面呈金黄色即可。

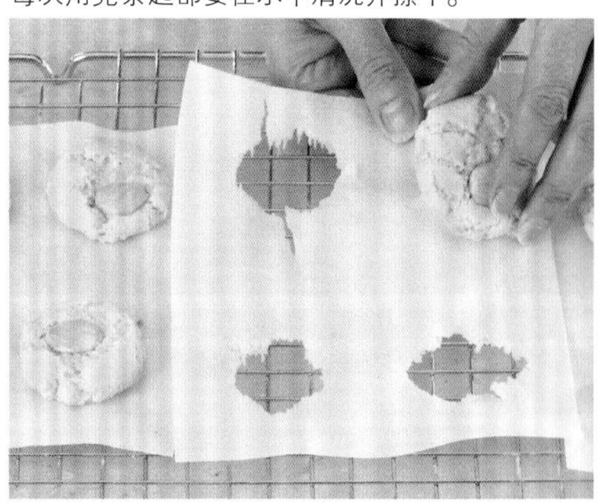

9 取出烤盘后，让饼干在其中稍凉几分钟，再连同华夫纸或糯米纸一起移放到烤网上凉透。食用前撕去背后的烤纸。

杏仁蛋白马卡龙小饼

马卡龙是黏性很大的饼干，其之所以选用华夫纸或者糯米纸，是因为就算烤纸去除不干净，也但吃无妨。

保存心得：最好当日食用。也可放入密闭容器，在阴凉处存放2~3天，但是质地会变干燥。

马卡龙的花样翻新

椰香马卡龙

这款马卡龙简单易做，健康清淡，不含麦麸，是麦麸过敏者的福音。

成品数量：18~20块　准备时间：20分钟　烘烤时间：15~20分钟

冷藏定型时间：
120分钟

所需工具：
可食用华夫纸或糯米纸（可选）

原料：
1个蛋白
50克细砂糖
1小撮盐
1/2茶匙香草精
100克椰干粉

做法详解：

1 预热烤箱至160℃/燃气3。用电动搅拌器在大盆中击打蛋白，膨松成型后，一边继续击打，一边用茶匙加入糖，一次1茶匙，加入全部糖之后继续击打几分钟，使混合物看起来浓稠、有光泽。

2 盐和香草精掺入蛋白混合物中，快速搅动几下。

3 混入椰干粉，让质地均匀、颜色一致，做成饼干糊。这时用保鲜膜盖好，入冰箱冷藏120分钟以定型，令质地稠厚些，同时也让脱水的椰干粉吸收水分、变软。

4 把华夫纸或糯米纸铺在烤盘上（或者使用普通烤盘纸）。用茶匙把饼干糊舀到烤盘上，堆成一个饼干，注意大小一致、留有间距。

5 烤盘放入烤箱中部，烤制15~20分钟，饼干表面呈金黄色即可。取出烤盘后，让饼干在其中停留至少10分钟后，再连同华夫纸或糯米纸一起移放到烤网上凉透。食用前撕去背后的烤纸。

保存心得：最好当日食用。也可放入密闭容器，在阴凉处存放5天。

巧克力马卡龙

给基本款马卡龙添加一些可可粉，就摇身一变，成了现代派的巧克力饼干。

成品数量：24块　准备时间：20分钟　烘烤时间：12~15分钟　冷冻保存时间：4周

冷藏定型时间：
30分钟

所需工具：
可食用华夫纸或糯米纸（可选）

原料：
2个蛋白
225克细砂糖
100克杏仁粉
30克大米粉
25克可可粉，过筛
24颗去皮整粒杏仁

做法详解：

1 预热烤箱至180℃/燃气4。用电动搅拌器击打蛋白到膨松成型。一边继续击打，一边用茶匙加入糖，一次1茶匙，加入全部糖之后继续击打几分钟，使混合物看起来浓稠、有光泽。

2 依次加入大米粉、杏仁粉、可可粉，搅动至质地均匀、颜色一致，做成饼干糊。这时用保鲜膜盖好，放入冰箱冷藏30分钟以定型，令质地稠厚。把华夫纸或糯米纸铺在烤盘上（或者使用普通烤盘纸）。

3 用茶匙把饼干糊舀到烤盘上，堆成一个饼干，注意大小一致、饼干之间留有至少4厘米的间距，整理成冒尖的小圆饼状，每个饼干上面压入1颗杏仁。

4 烤盘放入烤箱上层，烤制12~15分钟，手指按压周边硬实即可。取出烤盘后，让饼干在其中停留至少5分钟后，再连同华夫纸或糯米纸一起移放到烤网上凉透。食用前撕去背后的烤纸。

保存心得：最好当日食用。也可放入密闭容器，在阴凉处存放2~3天。

咖啡榛子马卡龙

这款优雅的小饼干外观不俗，香气浓郁，制作也很简便。适合做餐后甜点，就上一杯香浓的咖啡，美好生活不过如此！

成品数量：20块　准备时间：30分钟　烘烤时间：20分钟　冷冻保存时间：4周

冷藏定型时间：
30分钟

所需工具：
有刮刀的食物料理机
可食用华夫纸或糯米纸（可选）

原料：
150克榛子仁，多备20粒
2个蛋白
225克细砂糖
30克大米粉
1茶匙特浓速溶咖粉，用1茶匙开水调开并冷却待用

做法详解：

1 预热烤箱至180℃／燃气4。榛子平铺在烤盘内，烤制5分钟。变色后取出稍凉，用餐巾包裹揉搓，去除表皮。

2 用电动搅拌器击打蛋白到膨松成型。一边继续击打，一边用茶匙加入糖，一次1茶匙，加入全部糖之后继续击打几分钟，使混合物看起来浓稠、有光泽。

3 用食物料理机把榛子粉碎成末，和大米粉一起掺入蛋白混合物中，再加入咖啡液，搅动至质地均匀、颜色一致，做成饼干糊。这时用保鲜膜盖好，放入冰箱冷藏30分钟以定型，令质地稠厚。

4 把华夫纸或糯米纸铺在烤盘上（或者使用普通烤盘纸）。用茶匙把饼干糊舀到烤盘上，堆成一个饼干，注意大小一致、饼干之间留有至少4厘米的间距，整理成冒尖的小圆饼状，每个饼干上面压入1颗榛子。

5 烤盘放入烤箱上层，烤制20分钟，最好在烤制10分钟时检查一下，手指按压坚实、颜色加深即可取出烤盘。让饼干在其中停留至少5分钟后，再连同华夫纸或糯米纸一起移放到烤网上凉透。食用前撕去背后的烤纸。

保存心得：最好当日食用。也可放入密闭容器，在阴凉处存放2~3天。

烘焙大师的小点子：

老式的马卡龙，在它们的表兄法式马卡龙（参见第162页）的耀眼光辉下，显得默默无闻。但是，老式马卡龙可以不含麦麸，制作简易，低调雅致，始终拥有众多的拥趸，是甜点饼干家族里不可或缺的成员。

法式草莓奶油马卡龙

法式马卡龙制作过程烦琐。这里这个做法是广大业余烘焙爱好者反复实践总结出来，适合家庭制作的。

成品数量：20块　准备时间：30分钟　烘烤时间：18~20分钟

原料：

100克糖粉
75克杏仁粉
2个大蛋白，室温放置
75克粗糖

夹心原料：

200毫升浓奶油
5~10个大个草莓，
最好直径和做好的饼干一致

所需工具：

有刮刀的食物料理机
裱花袋和小号裱花嘴

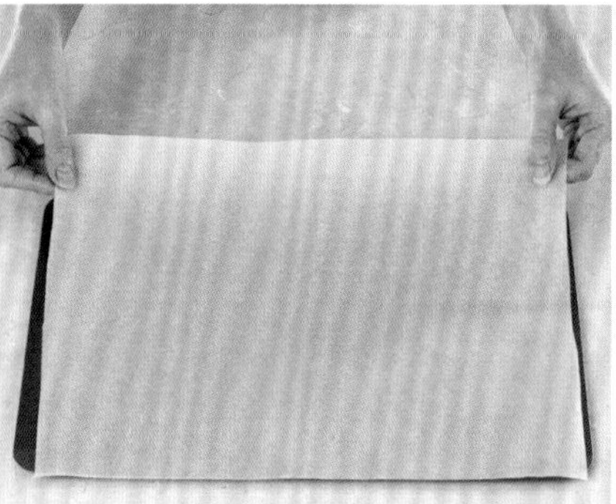

1 预热烤箱至150℃／燃气2。在2张烤盘上铺好烤盘纸。

2 在烤盘纸上用铅笔画出20个直径3厘米的圆圈，圆圈之间间距3厘米。把烤盘纸翻转。

3 把糖粉和杏仁粉一起用食物料理机快速处理，粉碎至细如粉尘。

4 用电动搅拌器击打蛋白到膨松成型。

5 一边继续击打，一边加入粗糖，一次一点，逐渐加入全部的糖。

6 继续击打1分钟，混合物此时非常浓稠、发硬、有光泽。

7 一次1汤匙，把杏仁糖粉加入蛋白中。不断搅动，全部加完成饼干糊。

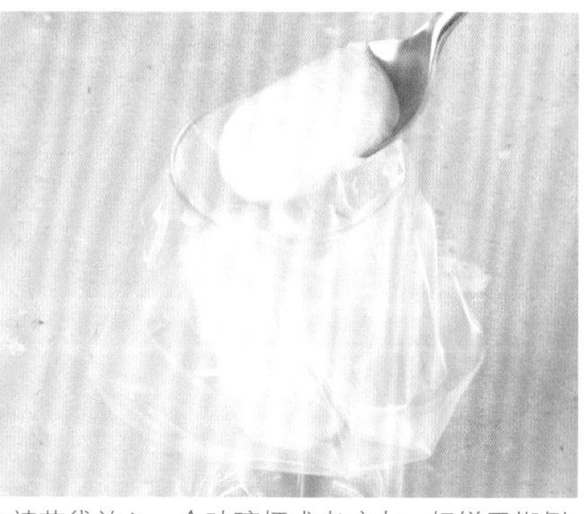

8 裱花袋放入一个玻璃杯或者碗中，把饼干糊倒入。

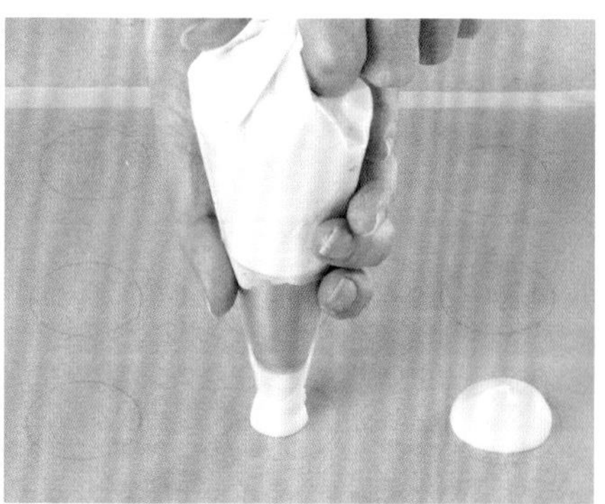

9 参照烤盘纸上画的圆圈，把饼干糊挤成小圆饼。注意操作时裱花袋要保持直立。

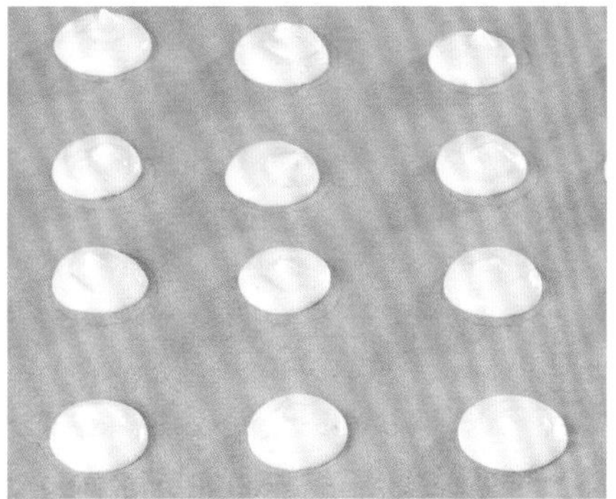

10 尽量让饼干坯子大小一致，注意饼干糊挤出后可能自行略微散开一点。

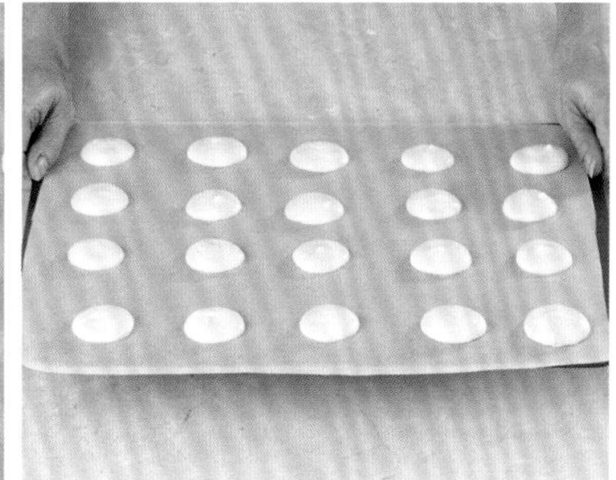

11 如果有的饼干坯子中央冒尖，就敲击烤盘几次，让其尽量摊平。

12 烤盘放入烤箱中部，烤制18~20分钟，直到饼干微微变色，手指按压硬实、内部已经凝固。

13 尝试用指头用力压下，饼干顶部会破裂。饼干就烤好了。

14 取出烤盘后，让饼干在其中静置15~20分钟，再移放到烤网上凉透。

15 制作夹心。击打奶油至质地稠厚，松软的奶油会渗入饼干中，让饼干软塌。

16 用过的裱花袋清洗后，装入打发的奶油，装上裱花嘴。

17 烤好的饼干，其中一半翻转，平面朝上，逐个挤上一小团奶油。

18 草莓洗净去蒂，横向切成薄片。

19 选取和饼干直径相似的草莓片，放在奶油上。

20 把另一半饼干平面朝下，轻轻压在草莓片上。奶油或许会微微溢出。

21 立即食用。

保存心得：没有夹心的饼干可放入密闭容器，在阴凉处存放3天。

法式草莓奶油马卡龙

法式马卡龙的花样翻新

法式蜜柚马卡龙

选择柚子，而不是常用的柑橘，是为了用它锐利、清新的味道来调和饼干的甜腻。

成品数量：20块　准备时间：30分钟　烘烤时间：18~20分钟

所需工具：
有刮刀的食物料理机

原料：
100克糖粉
75克杏仁粉
1茶匙柚子皮，擦细末
2个大蛋白，室温放置
75克白色粗糖
3~4滴橘色食用色素

夹心原料：
100克糖粉
50克无盐黄油，室温软化
1汤匙柚子汁
1茶匙柚子皮，擦细末

做法详解：

1 预热烤箱至150℃／燃气2。2张烤盘上铺好烤盘纸。在烤盘纸上用铅笔画出20个直径3厘米的圆圈，圆圈之间间距3厘米。把烤盘纸翻转。糖粉和杏仁粉一起用食物料理机快速处理，粉碎至细如粉尘，加入柚子皮末，快速粉碎几秒。

2 用电动搅拌器击打蛋白到膨松成型。一边继续击打，一边加入粗糖，一次一点，逐渐加入全部的糖。最后加入色素，搅拌均匀。

3 一次1汤匙，把杏仁糖粉混合物加入蛋白中。不断搅动，全部加完成饼干糊。饼干糊倒入裱花袋，挤到烤盘纸上画的圆圈中。注意操作时裱花袋要保持直立。

4 烤盘放入烤箱中部，烤制18~20分钟，饼干微微变色、手指按压硬实、内部已经凝固即可。取出烤盘后，让饼干在其中静置15~20分钟，再移放到烤网上凉透。

5 制作夹心。黄油、糖粉、柚子汁、柚子皮末一起击打，至质地滑腻，装入裱花袋，挤在一半饼干的平面上，另一半饼干平面朝下，轻轻覆盖、压实。立即食用，不宜过夜，否则饼干会返潮软塌。

保存心得： 无夹心的饼干可放入密闭容器，在阴凉处存放3天。

法式巧克力马卡龙

精致的马卡龙夹着滑腻芳香的可可奶油，定让巧克力控们心花怒放。

成品数量：20块　准备时间：30分钟　烘烤时间：18~20分钟

所需工具：
有刮刀的食物料理机

原料：
50克杏仁粉
25克可可粉
100克糖粉
2个大蛋白，室温放置
75克白色粗糖

夹心原料：
50克可可粉
150克糖粉
50克无盐黄油，室温软化
3汤匙牛奶，多备少许

做法详解：

1 预热烤箱至150℃／燃气2。2张烤盘上铺好烤盘纸。在烤盘纸上用铅笔画出20个直径3厘米的圆圈，圆圈之间间距3厘米。把烤盘纸翻转。糖粉、可可粉和杏仁粉一起用食物料理机快速处理，粉碎至细如粉尘。

2 用电动搅拌器击打蛋白到膨松成型。一边继续击打，一边加入粗糖，一次一点，逐渐加入全部的糖。随后一次1汤匙，把杏仁粉混合物加入蛋白中。不断搅动，全部加完成饼干糊。饼干糊倒入裱花袋，挤到烤盘纸上画的圆圈中。注意操作时裱花袋要保持直立。

3 烤盘放入烤箱中部，烤制18~20分钟，手指按压硬实、内部已经凝固即可。取出烤盘后，让饼干在其中静置15~20分钟，再移放到烤网上凉透。

4 制作夹心。可可粉和糖粉过筛到大碗中，加入黄油和牛奶，充分击打。如果质地太稠，可适量添加牛奶。至质地滑腻时装入裱花袋，挤在一半饼干的平面上，另一半饼干平面朝下，轻轻覆盖、压实。立即食用，不宜过夜，否则饼干会返潮软塌。

保存心得： 无夹心的饼干可放入密闭容器，在阴凉处存放3天。

法式覆盆子马卡龙

这么可爱的小点心，精致，美好，看一眼都让人心生爱怜。会不会舍不得吃啊？

成品数量：20块　准备时间：30分钟　烘烤时间：18~20分钟

所需工具：
有刮刀的食物料理机

原料：
100克糖粉
75克杏仁粉
2个大蛋白，室温放置
75克白色粗糖
3~4滴粉色食用色素

夹心原料：
150克马斯卡彭软奶酪
50克无籽覆盆子果酱

做法详解：

1 预热烤箱至150℃ / 燃气2。2张烤盘上铺好烤盘纸。在烤盘纸上用铅笔画出20个直径3厘米的圆圈，圆圈之间间距3厘米。把烤盘纸翻转。糖粉和杏仁粉一起用食物料理机快速处理，粉碎至细如粉尘。

2 用电动搅拌器击打蛋白到膨松成型。一边继续击打，一边加入粗糖，一次一点，逐渐加入全部的糖。最后加入色素，搅拌均匀。

3 随之一次1汤匙，把杏仁粉混合物加入蛋白中。不断搅动，全部加完成饼干糊。饼干糊倒入裱花袋，挤到烤盘纸上画的圆圈中。注意操作时裱花袋要保持直立。

4 烤盘放入烤箱中部，烤制18~20分钟，手指按压硬实、内部已经凝固即可。取出烤盘后，让饼干在其中静置15~20分钟，再移放到烤网上凉透。

5 制作夹心。充分击打马斯卡彭奶酪和覆盆子果酱，松软滑腻时装入裱花袋，挤在一半饼干的平面上，另一半饼干平面朝下，轻轻覆盖、压实。立即食用，不宜过夜，否则饼干会返潮软塌。

保存心得： 无夹心的饼干可放入密闭容器，在阴凉处存放3天。

烘焙大师的小点子：
法式马卡龙的制作要点在于操作，而不在于原料。混合干湿原料时动作轻快，挤出饼干坯子时，裱花袋和台面保持90度直立操作是关键。厚重、平坦的烤盘是必备工具。有了这些，DIY出让人赞叹的法式马卡龙就不是梦想。

德式香草新月饼干

和第155页介绍过的圣诞之星肉桂饼干一样，这个是德国传统的节日点心。星星、月亮，一起到人间来过节。

成品数量：30块　准备时间：35分钟　烘烤时间：15~17分钟　冷冻保存时间：4周

冷藏定型时间：
30分钟

原料：
200克普通面粉，多备少许，装点用
150克无盐黄油，切丁、软化
75克糖粉
75克杏仁粉
1茶匙香草精
1个鸡蛋，打散
糖粉或者香草糖，就食用

做法详解：

1 面粉过筛到一个大盆中，把黄油丁放入，用手揉搓成面包渣状。糖粉过筛加入，随之加入杏仁粉。

2 香草精和鸡蛋一起倒入大盆中的面包渣中，用手操作，做成一个光滑柔软的面团。如果太黏，可以稍微多加入一点面粉。面团用保鲜膜包起来，放入冷藏室30分钟以定型，面团硬实会好操作。

3 预热烤箱至160℃／燃气3。案板上撒些面粉，面团一分为二，揉成直径大约3厘米的两个长条，用锋利的刀各切出15份，每份1厘米长，共30份。

4 给饼干定型。把小面团先揉成8厘米长、直径2厘米的香肠状，再把两端弯曲，做成弯月状。饼干坯子放入烤盘中，彼此之间留有间距。

5 烤盘放入烤箱上部，烤制15~17分钟，直到表面微微变色，及时取出，不可让颜色继续变棕色。

6 取出烤盘后，让饼干在其中凉5分钟，把糖粉或香草糖撒上，再移放到烤网上凉透。

保存心得： 可放入密闭容器，在阴凉处存放5天。

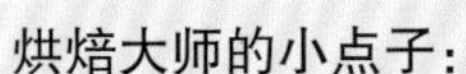

烘焙大师的小点子：
这款德式圣诞饼干，关键原料是杏仁粉。杏仁粉让新月饼干质地疏松、入口即化。食用时，传统的做法是用香草糖把做好的饼干埋起来。鉴于香草糖购买不易、价格较贵，就在饼干料中加了香草精，食用时再撒上香草糖，味道应该足够“香草”了。

德式香草新月饼干

佛罗伦萨饼干

佛罗伦萨饼干在西方有“最性感的饼干”之美誉。坚果、干果、黑巧克力、蜂蜜，结合在一起，造就了这款又香又甜、让人欲罢不能的小饼干。

成品数量：16~20块　准备时间：20分钟　烘烤时间：15~20分钟

原料：

60克黄油
60克细砂糖
1汤匙蜂蜜
60克普通面粉
45克混合蜜饯果皮
45克蜜饯樱桃，细细切碎
45克去皮杏仁，细细切碎
1茶匙柠檬汁
1汤匙浓奶油
175克优质黑巧克力，切碎

做法详解：

1 预热烤箱至180℃／燃气4。2个烤盘上铺好烤盘纸。

2 黄油、糖和蜂蜜一起放入小锅，微火加热到糖完全熔化。离火冷却到微温，把除了黑巧克力之外的所有原料一起加入，搅动均匀成饼干料。

3 用茶匙把饼干料舀到烤盘中，摊平。一共做出16~20个饼干坯子。注意保持间距，大小均匀。

4 烤制15~20分钟，直到表面金黄。取出烤盘后，让饼干在其中凉几分钟，再移放到烤网上凉透。

5 黑巧克力放入耐热碗，碗放入一锅微微沸腾的水中，隔水加热，不时搅动，把黑巧克力熔化。

6 一旦巧克力熔化，立即用抹刀把巧克力液逐个抹到饼干的背面（平整面），用叉子在巧克力上画出波浪线条，然后巧克力面朝上放回烤网上。巧克力凝固后即可食用。

保存心得：可放入密闭容器，在阴凉处存放5天。

烘焙大师的小点子：

把黑巧克力用三种颜色的巧克力代替，即白巧克力、牛奶巧克力、黑巧克力各1/3。在步骤5中，分别把三种巧克力隔水熔化。步骤6，饼干底部抹上三种颜色的巧克力，各占底部的大约1/3；或者用三种巧克力液画出交叉的波浪线，装饰效果会更出色。

意大利香脆饼：比斯科蒂

这些香脆的饼干在西方很流行。它质地干爽，存放时间较长，用心地包起来，可作为朋友之间的礼物。

成品数量：25~30块

准备时间：15分钟

烘烤时间：35分钟

冷冻保存时间：8周

原料：

50克无盐黄油
100克整粒杏仁，去壳去皮
225克自发粉，多备少许
100克细砂糖
2个鸡蛋
1茶匙香草精

1 黄油放入小锅，微火加热到完全熔化。离火冷却。

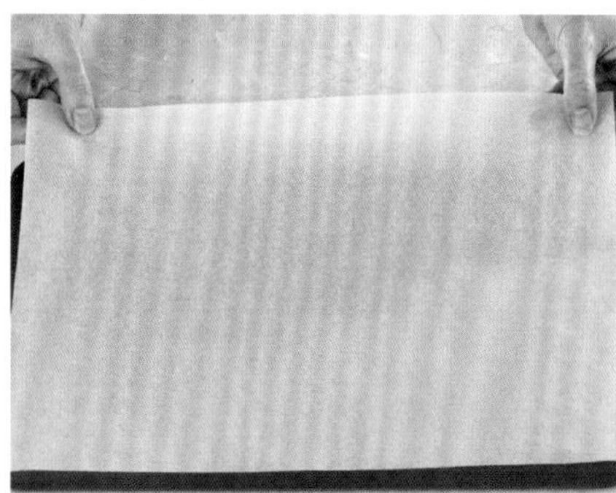

2 预热烤箱至180℃ / 燃气4。烤盘铺好烤盘纸。

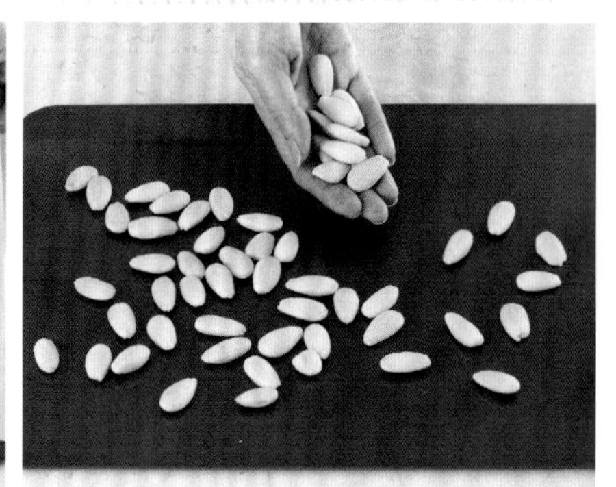

3 另取一个不粘烤盘，把杏仁平铺，放入烤箱。

4 杏仁烤制5~10分钟，中间翻动一次，两面都呈金黄色时取出。

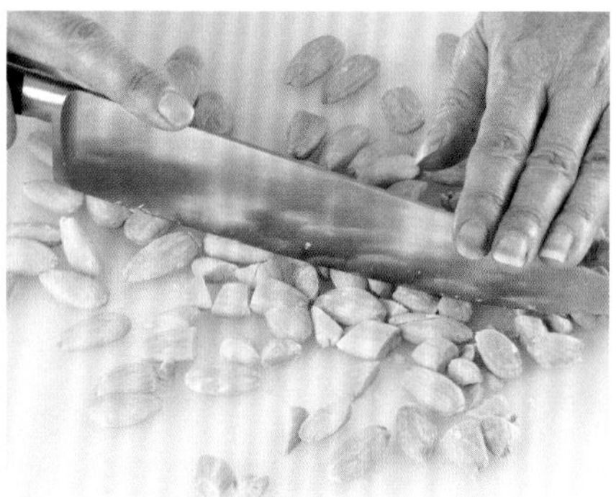

5 把杏仁大致切碎，不要太碎哦。

6 自发粉过筛到大盆中。

7 加入糖和杏仁碎，搅匀。

8 另取一个盆，把鸡蛋、黄油和香草精一起击打，至质地一致。

9 把鸡蛋液徐徐倒入自发粉中，同时用叉子搅拌。

10 用手把混合物揉成面团。

11 如果感觉面团太湿软、不能成型，可以多加入一些自发粉。

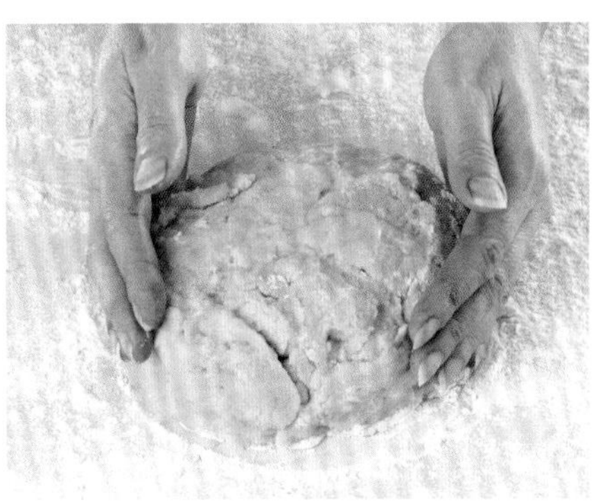

12 案板上撒自发粉，把面团取出放在案板上。

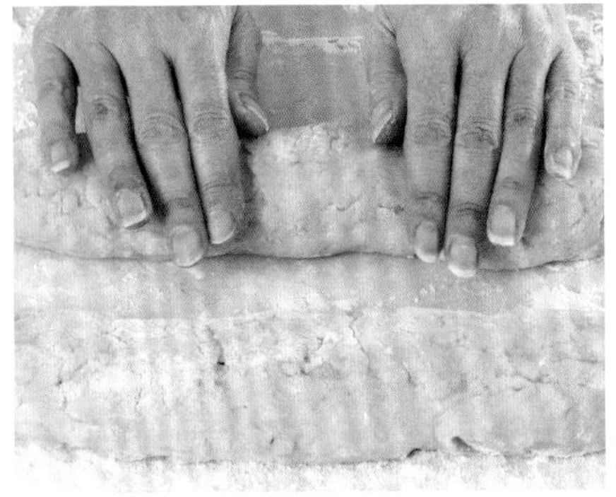

13 面团分半，分别揉成20厘米长的香肠状长条，放在烤盘中。

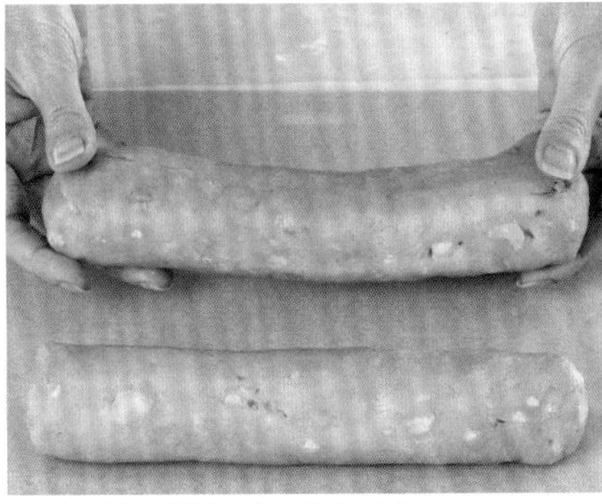

14 烤盘放入烤箱中部，烤制20分钟。

15 这时面团的表面已经微微变色。稍凉几分钟。

16 放到干净的案板上，用锯齿状面包刀，按照3~5厘米的间距，把长面团分成25~30小块饼干。

17 切面朝上，把小块饼干放回烤盘，入烤箱烤制10分钟。

18 给饼干逐个翻个，再放回烤箱烤5分钟。

19 取出后放在烤网上，在冷却的过程中，饼干会变干、变脆。

冷冻：冷却后的脆饼放在烤盘上，入冷冻室冻硬后再装袋，可冷冻保存8周。

放入保鲜袋里。

保存心得：或者放入密闭容器，在阴凉处存放1周。

意大利香脆饼的花样翻新

榛子巧克力香脆饼

把巧克力屑掺入面团中，香脆饼立刻变成了老少皆宜的全能版，尤其受孩子们的欢迎。

成品数量：25~30块　准备时间：15分钟　烘烤时间：35分钟　冷冻保存时间：8周

原料：

100克榛子仁
225克自发粉，过筛，多备少许
100克细砂糖
50克黑巧克力屑
2个鸡蛋
1茶匙香草精
50克无盐黄油，加热熔化并放凉

做法详解：

1 预热烤箱至180℃ / 燃气4。烤盘铺好烤盘纸。另取一个不粘烤盘，把榛子平铺，放入烤箱烤制5~10分钟，中间翻动一次。取出稍凉，用餐巾包起来揉搓，去除表皮。随后把榛子大致切碎，不要太碎哦。

2 自发粉过筛到大盆中，加入糖、巧克力屑和榛子碎，混匀。另取一个盆，鸡蛋、黄油和香草精一起击打至质地一致后，徐徐倒入自发粉中，同时用叉子搅拌，再用手把混合物揉和成面团。如果面团太湿软、不能成型，可以多加入一些自发粉。

3 案板上撒自发粉，把面团取出放在案板上，一分两半，分别揉成20厘米长的粗香肠状长条，放在烤盘中，入烤箱中部，烤制20分钟。取出稍凉，放到干净的案板上，用锯齿状面包刀，按照3~5厘米的间距，把长面团分成25~30小块饼干。

4 切面朝上，把小块饼干放回烤盘，入烤箱烤制15分钟。中间翻面一次，两面颜色金黄即可。取出后放在烤网上，在冷却的过程中，饼干会变干、变脆。

保存心得： 可放入密闭容器，在阴凉处存放1周。

巧克力巴西坚果香脆饼

这款饼干，因为有可可粉做原料，颜色较深，非常适合和浓咖啡一起享用。香脆饼浸蘸着浓咖啡，这可是经典吃法哦！

成品数量：25~30块　准备时间：15分钟　烘烤时间：35分钟　冷冻保存时间：8周

原料：

100克巴西坚果仁
175克自发粉，过筛，多备少许
50克可可粉
100克细砂糖
2个鸡蛋
1茶匙香草精
50克无盐黄油，加热熔化并放凉

做法详解：

1 预热烤箱至180℃ / 燃气4。烤盘铺好烤盘纸。另取一个不粘烤盘，把坚果仁平铺，放入烤箱烤制5~10分钟，中间翻动一次。取出稍凉，用餐巾包起来揉搓，去除表皮。随后大致切碎，不要太碎哦。

2 自发粉、糖、可可粉和坚果碎一起放入大盆中，混匀。另取一个盆，鸡蛋、黄油和香草精一起击打至质地一致后，徐徐倒入自发粉中，同时用叉子搅拌，再用手把混合物揉和成面团。如果面团太湿软、不能成型，可以多加入一些自发粉。

3 案板上撒自发粉，把面团取出放在案板上，一分两半，分别揉成20厘米长的香肠状长条，放在烤盘中，入烤箱中部，烤制20分钟。取出稍凉，放到干净的案板上，用锯齿状面包刀，按照3~5厘米的间距，把长面团分成25~30小块饼干。

4 切面朝上，把小块饼干放回烤盘，入烤箱烤制15分钟。中间翻面一次，两面颜色金黄即可。取出后放在烤网上，在冷却的过程中，饼干会变干、变脆。

保存心得： 可放入密闭容器，在阴凉处存放1周。

烘焙大师的小点子：

大家可能发现了，这种添加了果仁的饼干，特点是质地干爽、口感香脆。这是两次烤制的特殊结果。这干爽的质地正是这类香脆饼能保存较长时间的原因。

开心果橘香脆饼

这种香脆饼的经典吃法除了蘸咖啡，还可以蘸红酒，就是说，除了作为茶点，还可作为正餐的餐后点。

成品数量：25~30　准备时间：15分钟　烘烤时间：35分钟　冷冻保存时间：8周

原料：

100克开心果仁
225克自发粉，过筛，多备少许
100克细砂糖
1个橘子，皮擦细末
2个鸡蛋
1茶匙香草精
50克无盐黄油，加热熔化并放凉

做法详解：

1 预热烤箱至180℃ / 燃气4。烤盘铺好烤盘纸。另取一个不粘烤盘，把开心果仁平铺，放入烤箱烤制5~10分钟，中间翻动一次。取出稍凉，用餐巾包起来揉搓，去除表皮。随后大致切碎，不要太碎哦。

2 自发粉、糖、橘皮末和开心果碎一起放入大盆中，混匀。另取一个盆，鸡蛋、黄油和香草精一起击打至质地一致后，徐徐倒入自发粉中，同时用叉子搅拌，再用手把混合物揉和成面团。如果面团太湿软、不能成型，可以多加入一些自发粉。

3 案板上撒自发粉，把面团取出放在案板上，一分两半，分别揉成20厘米长的香肠状长条，放在烤盘中，入烤箱中部，烤制20分钟。取出稍凉，放到干净的案板上，用锯齿状面包刀，按照3~5厘米的间距，把长面团分成25~30小块饼干。

4 切面朝上，把小块饼干放回烤盘，入烤箱烤制15分钟。中间翻面一次，两面颜色金黄即可。取出后放在烤网上，在冷却的过程中，饼干会变干、变脆。

保存心得： 可放入密闭容器，在阴凉处存放1周。

苏格兰黄油酥饼

这是最著名、最经典的苏格兰点心。烤制时如果表面太早就开始变色，可用锡纸覆盖表面继续烤制。

成品数量：8块　准备时间：15分钟　烘烤时间：30~40分钟

冷藏定型时间：
60分钟

所需工具：
直径18厘米（7英寸）的圆形活底蛋糕模

原料：
150克无盐黄油，室温软化，多备少许，涂油层用
75克细砂糖，多备少许，装点用
175克普通面粉
50克玉米淀粉

1 预热烤箱至160℃ / 燃气3。烤模涂油层，底部和内侧铺好烤盘纸。

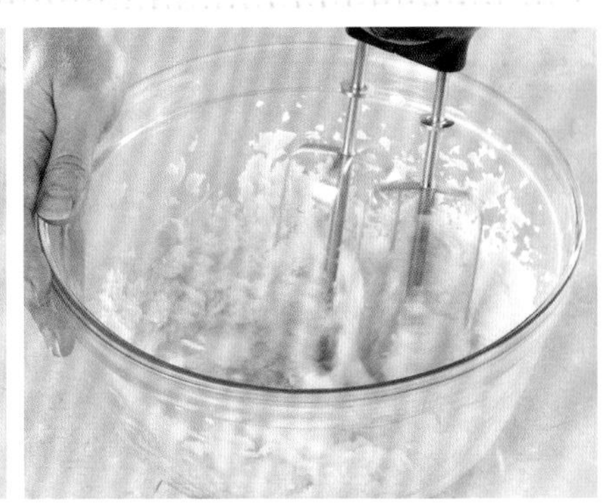

2 黄油和糖放入大盆。

3 用电动搅拌器击打黄油和糖，到质地轻盈如羽毛状。

4 面粉和淀粉一起过筛加入黄油中，用木勺轻快搅动，面粉和黄油结合均匀如面包渣即可，切勿过多搅动。

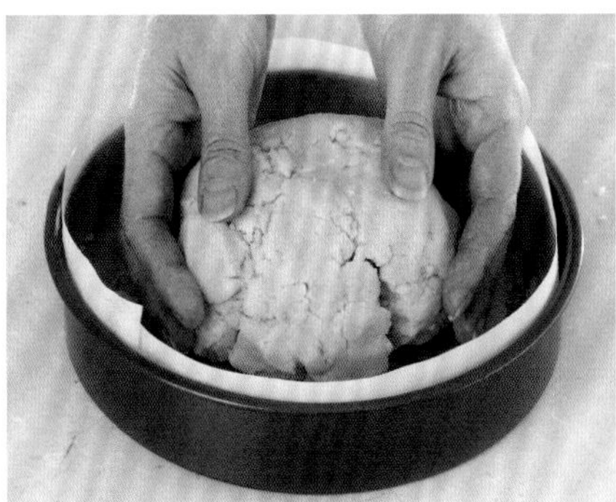

5 用手团起，做成粗糙的面团。不必多揉。

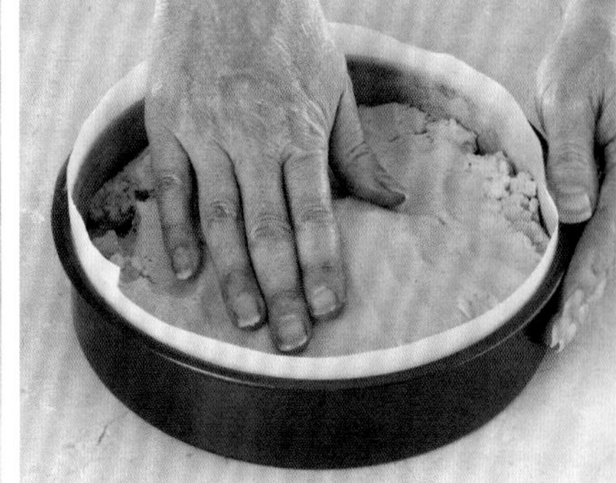

6 面团放入烤模，用手摊开、压匀。

7 用尖头刀把面饼均分成8个斜角块。

8 用叉子在面饼上扎出小眼，可以随心扎出图案。

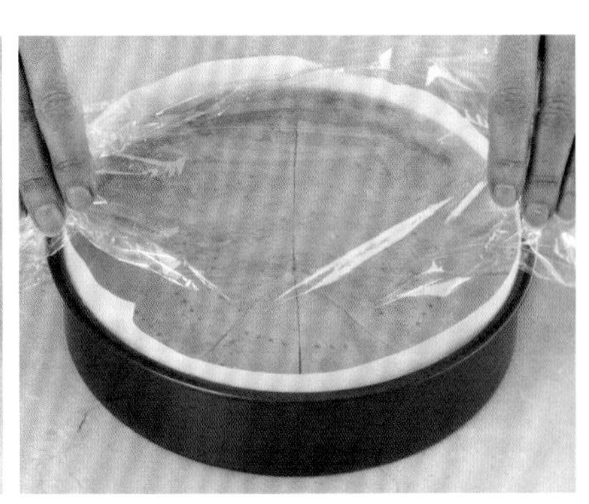

9 用保鲜膜把烤模覆盖，入冰箱冷藏60分钟以定型。

10 放入烤箱中部，烤制30~40分钟，如果需要，可加盖锡纸烤制，避免表面颜色过深。

11 取出后，用刀再次沿着烤制之前划出的分界线重新划一遍。

12 趁热撒上一层细砂糖。

13 完全冷却后，再出模享用。

保存心得：放入密闭容器，在阴凉处存放5天。

苏格兰黄油酥饼的花样翻新

胡桃黄油细沙饼干

这款饼干名字叫作“细沙饼干”，因为它的质地特别疏松，捏碎之后如同极细的沙子。当然，它入口即化，吃起来可不像沙子哦。

成品数量：18~20块　准备时间：15分钟　烘烤时间：15分钟

冷藏定型时间：
30分钟

原料：
100克无盐黄油，室温软化
50克绵棕糖
50克细砂糖
1/2茶匙香草精
1个蛋黄
150克普通面粉，过筛，多备少许
75克胡桃仁，切碎

做法详解：

1 预热烤箱至180℃／燃气4。黄油和糖放入大盆，用电动搅拌器击打，到质地轻盈如羽毛。加入香草精和蛋黄，搅匀。加入面粉和胡桃仁碎，用木勺轻快搅动，结合均匀如面包渣即可，切勿过多搅动。最后用手团起，做成粗糙的面团。

2 面团放在撒了面粉的案板上，揉到表面光滑。把面团整形成长20厘米左右的香肠状。如果面团太软不好操作，就用保鲜膜包好，放冰箱冷藏30分钟以定型。

3 把长条面团切成1厘米厚的小圆饼，一共18~20个，摆在铺好烤盘纸的烤盘中，放入烤箱上部，烤制15分钟，边缘变金黄色即可。出烤箱后在烤盘中稍凉，再转移到烤网上完全冷却。

保存心得： 可放入密闭容器，在阴凉处存放5天。

巧克力屑黄油酥饼

这是一个老少皆宜的饼干，制作也很简便。

成品数量：14~16块　准备时间：15分钟　烘烤时间：15~20分钟

原料：
100克无盐黄油，室温软化
75克细砂糖
100克普通面粉，过筛，多备少许
25克玉米淀粉，过筛
50克黑巧克力屑

做法详解：

1 预热烤箱至170℃／燃气3.5。黄油和糖放入大盆，用电动搅拌器击打，到质地轻盈如羽毛，加入面粉、玉米淀粉和黑巧克力屑，用木勺和手处理成粗糙的面团。

2 面团放在撒了面粉的案板上，揉到表面光滑。把面团整形成直径6厘米的香肠状，切成0.5厘米厚的小圆饼，一共14~16个，保留间距，放在不粘烤盘中。

3 放入烤箱上部，烤制15~20分钟，微微变色即可。出烤箱后在烤盘中稍凉，再转移到烤网上完全冷却。

保存心得： 可放入密闭容器，在阴凉处存放5天。

大理石纹富翁酥饼

这是一款现代色彩浓厚的传统饼干，口感特别甜腻，喜欢的人会爱不释手。

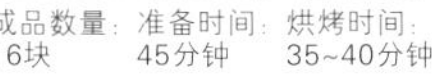

成品数量：16块　准备时间：45分钟　烘烤时间：35~40分钟

所需工具：

边长20厘米（8英寸）的方形蛋糕模

原料：

200克普通面粉
175克无盐黄油，室温软化，多备少许，涂油层用
100克细砂糖

焦糖夹心料：

50克无盐黄油
50克绵棕糖
400克浓缩牛奶

大理石纹原料：

200克牛奶巧克力
25克无盐黄油
50克黑巧克力

做法详解：

1 预热烤箱至160℃／燃气3。面粉、黄油和糖放入大盆，用木勺或手轻快搅动，让原料结合均匀如面包渣。烤模涂油层，底部和内侧铺好烤盘纸。把面包渣状的饼干料放入烤模，用手摊平压实。放入烤箱上部，烤制35~40分钟，表面呈金棕色即可。取出留在烤模中放凉。

2 制作焦糖夹心。黄油和糖一起在小锅中加热，倒入浓缩牛奶，不停搅动，煮开后换小火，5分钟后，见混合物稠厚、颜色加深，即可离火。倒入烤模中的饼干（这时饼干应该是完全凉透的）上，待其自然冷却凝固。

3 制作大理石纹。牛奶巧克力和黄油一起隔水加热，搅动，巧克力熔化、二者融合一体后离火。同时用同样的方法熔化黑巧克力。

4 把黄油巧克力液浇在已经凝固的焦糖夹心馅之上，抹平表面。随后把黑巧克力呈波浪状淋在上面，用牙签或者扦子略微搅动两种巧克力，做出大理石纹。静置冷却，使其凝固。食用时再切成小方块。

保存心得：可放入密闭容器，在阴凉处存放5天。

烘焙大师的小点子：

制作这款大理石纹富翁酥饼，有两点要注意。首先，在浇上巧克力液之前，焦糖夹心一定要完全冷却凝固，这样，巧克力才不会渗到浅色的焦糖夹心中。其次，巧克力层要软，保证切块食用时不裂开、不影响卖相，巧克力中加入黄油一起熔化正是这一目的。

香甜燕麦饼干

这些粘牙耐嚼的小块饼干，原料易得，制作简便，含有较多的能量，是给身体快速充电加油的好选择。

成品数量：16~20块　准备时间：15分钟　烘烤时间：40分钟

所需工具：
边长25厘米（10英寸）的方形蛋糕模

原料：
225克无盐黄油，多备少许，涂油层用
225克绵棕糖
2汤匙金色糖浆
350克燕麦片

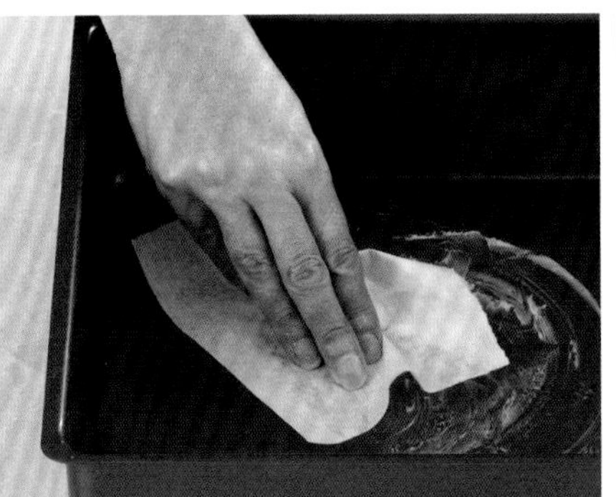

1 预热烤箱至150℃ / 燃气2。烤模底部和内侧涂油层。

2 黄油、糖浆和糖放入敞口锅，中火加热。

3 用木勺不停搅动，以免有结块。原料完全熔化后离火。

4 燕麦片倒入其中，用木勺轻快搅动，燕麦片被黄油糖液均匀包裹即可，切勿过多搅动。

5 把燕麦片舀到蛋糕模中。

6 用木勺背摊平、压实。

7 换用茶匙背，把表面尽可能抹平，随时把茶匙浸入热水中，可去除其黏性。

8 放入烤箱中部，烤制40分钟，直到表面金黄。如果需要，中间可以挪动烤盘，让表面颜色一致。

9 取出后，在烤模中冷却10分钟，用尖头刀平分为16个正方形块或者20个长方形块。

10 停留在烤模中完全冷却，食用时小心取出。
保存心得：可放入密闭容器，在阴凉处存放1周。

燕麦饼干的花样翻新

榛子葡萄干燕麦饼干

榛子和葡萄干的加盟，让简单的饼干变得美味有趣起来。

成品数量：16~20块　准备时间：15分钟　烘烤时间：30分钟　冷冻保存时间：4周

所需工具：
20厘米×25厘米（8英寸×10英寸）的长方形蛋糕模

原料：
225克无盐黄油，多备少许，涂油层用
225克绵棕糖
2汤匙金色糖浆
350克燕麦片
75克去皮榛子仁，切碎
50克葡萄干

做法详解：

1 预热烤箱至160℃/燃气3。烤模底部和内侧涂油层、铺烤盘纸。黄油、糖浆和糖放入厚底锅，中火加热。原料完全熔化后离火，加入燕麦片、榛子碎、葡萄干。

2 用木勺轻快搅动，干湿料混合均匀之后，舀到蛋糕模中，用木勺背、茶匙背摊平、压紧。放入烤箱中部，烤制30分钟，至表面金黄。如果需要，中间可以挪动烤盘，让表面颜色一致。

3 取出后，在烤模中冷却5分钟，用尖头刀平分为16~20块。停留在烤模中完全冷却，食用时再小心取出。

保存心得：可放入密闭容器，在阴凉处存放1周。

烘焙大师的小点子：
坚果和水果干的加入，让燕麦饼干的健康程度大大提高。坚果还可以用等量的南瓜籽、葵花籽代替，水果干也可以换用其他品种，如红莓干、杏干等。尽管如此，这种饼干的黄油含量较高，还算不上低脂的小点心。

樱桃燕麦饼干

樱桃干在烘焙中使用的不多，远不如葡萄干等频繁现身。不过，这个不一般的搭配是值得尝试的。

成品数量：18块　准备时间：15分钟　烘烤时间：25分钟

冷藏定型时间：
10分钟

所需工具：
边长20厘米（8英寸）的方形蛋糕模

原料：
150克无盐黄油，多备少许，涂油层用
75克绵棕糖
2汤匙金色糖浆
350克燕麦片
75克樱桃干，大致切碎（也可用125克蜜饯樱桃代替）
50克葡萄干
100克白巧克力或者牛奶巧克力，掰碎，装点用

做法详解：

1 预热烤箱至180℃/燃气4。烤模底部和内侧涂油层。黄油、糖浆和糖放入敞口锅，小火加热、搅动。原料完全熔化后离火，加入燕麦片、樱桃干、葡萄干。用木勺轻快搅动，让干湿料混合均匀。

2 把饼干料舀到蛋糕模中，用木勺背、茶匙背摊平、压紧压实。放入烤箱上部，烤制25分钟。取出后，在烤模中冷却5分钟，用尖头刀平分为18块。继续留在模中冷却。

3 巧克力隔水加热，搅动，熔化后离火。注意火力可保持水微微沸腾即可，不可有水滴溅入巧克力中。稍凉后用茶匙舀起巧克力，线条状淋在饼干上。在冰箱中冷藏10分钟以定型。食用时小心取出。

保存心得：可放入密闭容器，在阴凉处存放1周。

枣泥夹心燕麦饼干

大量的红枣，几乎让饼干有了太妃糖的味道；而且质地也更加黏厚湿润，咬劲十足。

成品数量：16块　准备时间：25分钟　烘烤时间：40分钟

所需工具：
边长20厘米（8英寸）的方形蛋糕模

原料：
200克红枣，去核、切碎
半茶匙小苏打
200克无盐黄油
200克绵棕糖
2汤匙金色糖浆
300克燕麦片

做法详解：

1 预热烤箱至160℃/燃气3。烤模底部和内侧铺烤盘纸。红枣碎和小苏打在小锅中拌匀，加水淹没红枣碎，上火烧开慢炖5分钟。离火后沥出红枣碎，放入食物搅拌器，加入3汤匙煮枣的汁液，处理成枣泥。

2 黄油、糖浆和糖放入敞口锅，小火加热、搅动。原料完全熔化后离火，加入燕麦片。用木勺轻快搅动，让干湿料混合均匀。

3 把一半的燕麦片舀到蛋糕模中，铺入枣泥，再放上另一半的燕麦片。用木勺背、茶匙背摊平、压紧压实。放入烤箱上部，烤制40分钟。表面金黄时取出，在烤模中冷却10分钟后，用尖头刀平分为16块。继续留在模中完全冷却后食用。

保存心得：可放入密闭容器，在阴凉处存放1周。

榛仁巧克力棕饼

形形色色的果仁巧克力蛋糕是美国最流行的饼干类点心。表面松脆爽口，内部松软，美味可口。

成品数量：24块　准备时间：25分钟　烘烤时间：12~15分钟

所需工具：
23厘米×30厘米（9英寸×12英寸）的长方形棕饼模（或其他类似形状烤模）

原料：
100克榛子
175克无盐黄油，切丁
300克优质黑巧克力，切碎
300克细砂糖
4个大鸡蛋，打散
200克普通面粉
25克可可粉，多备少许，装点用

1 预热烤箱至200℃/燃气6。榛子平铺到烤盘中。

2 把榛子烤大约5分钟，变色即可，注意观察，不可烤煳。

3 取出后用餐巾包起来，双手揉搓，去除表皮。

4 把榛子大致切碎，不可切成碎末。

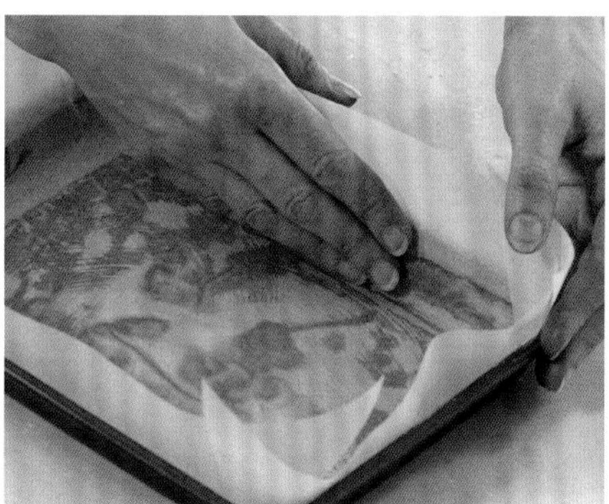

5 烤模内部涂油层，底部和内壁都铺好烤盘纸。

6 巧克力和黄油放入耐热玻璃碗，锅中加水烧开后保持微微沸腾，把碗放置于锅上。

7 巧克力和黄油会慢慢熔化。不时搅动，完全熔化后离火。

8 加入糖，不断搅动让原料完全融合。

9 分批逐渐加入鸡蛋液，混合均匀后再加入下一批。

10 把可可粉和面粉一起过筛到巧克力鸡蛋液中，尽可能让筛子远离碗面，这样有更多机会掺入空气。

11 搅动混合物，直到质地一致，光滑无结块。

12 倒入榛子碎，搅动让其分布均匀，做成蛋糕糊。

13 蛋糕糊倒入烤模中，用抹刀辅助铺满烤模，注意填满边角处。抹平表面。

14 烤制12~15分钟，到顶部刚刚干爽、内部依旧松软。

15 用扦子插入内部，拔出后表面洁净，即可从烤箱中取出。

16 蛋糕留在烤模中冷却，因为它内部依旧湿软，还不便移动。

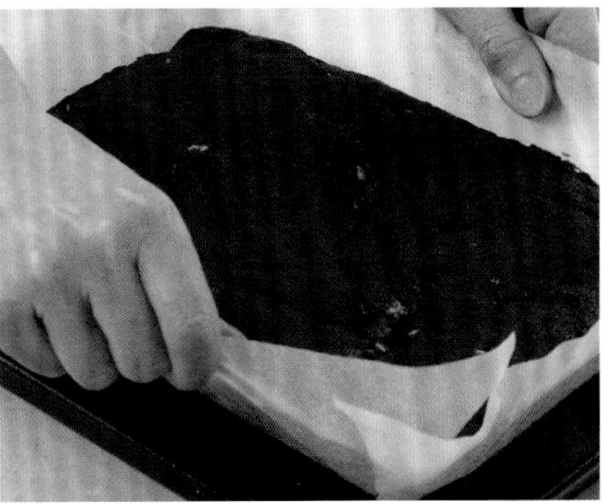

17 凉透之后，双手抬起烤盘纸，把蛋糕出模。

18 用长柄刀（最好是锯齿面包刀）把蛋糕均分成24块。

19 沸水倒入碗中，放在蛋糕边上。

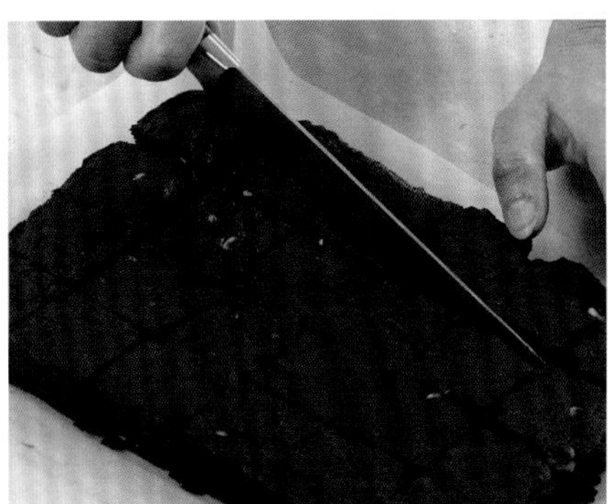

20 每切一刀之后，都要把刀擦干净，在热水中浸一下，再切下一刀。

21 把多备的可可粉过筛到蛋糕上，即可食用。
保存心得：可放入密闭容器，在阴凉处存放3天。

榛仁巧克力棕饼

棕饼的花样翻新

酸樱桃巧克力棕饼

这款点心口味独特，樱桃的“酸”和黑巧克力的“苦”完美结合，巧妙中和了棕饼本身的甜腻，传统棕饼粘牙的口感也更突出。

成品数量：16块　准备时间：15分钟　烘烤时间：20~25分钟

所需工具：
20厘米×25厘米（8英寸×10英寸）的长方形棕饼模（或其他类似形状烤模）

原料：
150克无盐黄油，切丁，多备少许，涂油层用
150克优质黑巧克力，切碎
250克绵棕糖
150克自发粉，过筛
3个鸡蛋
1茶匙香草精
100克酸樱桃干，如果个大可大致切碎
100克黑巧克力，切小块

做法详解：

1 预热烤箱至180℃／燃气4。烤模内部涂油层，底部和内壁都铺好烤盘纸。巧克力和黄油放入大号耐热玻璃碗，锅中加水烧开后保持微微沸腾，碗放置于锅上。巧克力和黄油会慢慢熔化，不时搅动，完全熔化后离火。加入糖，不断搅动让原料完全融合。

2 巧克力混合物稍凉几分钟。香草精和鸡蛋一起打散后，逐渐加入巧克力混合物中，接着把自发粉过筛加入。搅动混合物，到质地一致，光滑无结块时掺入樱桃碎和巧克力小块。混匀即可，不要过多搅动。

3 饼干糊倒入烤模中，用抹刀协助，铺满烤模，注意填满边角处，抹平表面。入烤箱烤制20~25分钟，到顶部干爽、周边硬实、内部依旧松软。

4 饼干留在烤模中冷却大约5分钟，均分成16小块。出模后在烤网上凉透，即可食用。

保存心得：可放入密闭容器，在阴凉处存放3天。

烘焙大师的小点子：
1000个人对理想中的棕饼会有1000种要求。比如，有的偏爱黏软的，有的喜欢干脆的，有的不喜欢太甜，有的喜欢巧克力味更浓。如果喜欢松软的，可少烤制几分钟。也可以少放糖。

核桃白巧克力棕饼

用作茶点，搭配红茶或者咖啡都不错！

成品数量：16块　准备时间：10分钟　烘烤时间：75分钟

所需工具：
边长20厘米（8英寸）的方形深口烤模

原料：
25克无盐黄油，切丁，多备少许，涂油层用
50克优质黑巧克力，切碎
3个鸡蛋
1汤匙蜂蜜
225克绵棕糖
75克自发粉
175克核桃仁，大致切碎
25克白巧克力，大致切碎

做法详解：

1 预热烤箱至160℃／燃气3。烤模内部涂油层，底部和内壁都铺好烤盘纸。

2 黑巧克力和黄油放入大号耐热玻璃碗，锅中加水烧开后保持微微沸腾，碗放置于锅上。巧克力和黄油会慢慢熔化，不时搅动，完全熔化后离火冷却。

3 棕糖、蜂蜜、鸡蛋一起打散，分几次逐渐搅入巧克力混合物中。自发粉过筛加入，轻快搅动到质地一致，光滑无结块时掺入核桃碎和白巧克力碎。不要过多搅动。

4 饼干糊倒入烤模中，抹平表面。入烤箱烤制30分钟后，盖上一层锡纸，继续烤制45分钟，到顶部干爽、周边硬实、内部依旧松软。留在烤模中完全冷却后，均分成16小块，出模食用。

保存心得：可放入密闭容器，在阴凉处存放5天。

白巧克力澳洲坚果棕饼

这款棕饼采用了白巧克力为原料，很简单的变身法。

成品数量：24块　准备时间：15分钟　烘烤时间：20分钟

所需工具：
20厘米×25厘米（8英寸×10英寸）的长方形棕饼模（或其他类似形状烤模）

原料：
300克优质白巧克力，切碎
175克无盐黄油，切丁
300克细砂糖
4个大鸡蛋
225克普通面粉
100克澳洲坚果，烤熟并大致切碎

做法详解：

1 预热烤箱至200℃／燃气6。烤模内部涂油层，底部和内壁都铺好烤盘纸。白巧克力和黄油放入大号耐热玻璃碗，锅中加水烧开后保持微微沸腾，碗放置于锅上。巧克力和黄油会慢慢熔化，不时搅动，完全熔化后离火自然冷却20分钟。

2 一旦巧克力熔化，就可以混入糖，搅拌中混合物质地会变得稠厚起来，这是正常的。混合物冷却20分钟后，把鸡蛋逐个打入，用打蛋器充分打匀后再加入下一个。面粉过筛加入，轻快搅动到质地一致，光滑无结块时掺入坚果碎。不要过多搅动。

3 饼干糊倒入烤模中，抹平表面。入烤箱烤制20分钟，直到顶部干爽、周边硬实、内部依旧松软。留在烤模中完全冷却后，均分成24小块，出模食用。

保存心得：可放入密闭容器，在阴凉处存放5天。

A Dorling Kindersley Book
www.dk.com
Original title: Step By Step Cakes

著作权合同登记号：图字16—2012—145

图书在版编目（CIP）数据

风靡全球的欧式蛋糕烘焙教科书/（英）布瑞斯通著；白鲜平译. —郑州：河南科学技术出版社，2014.6（2017.9 重印）
ISBN 978-7-5349-6884-6

Ⅰ. ①风… Ⅱ. ①布… ②白… Ⅲ. ①蛋糕—烘焙 Ⅳ. ①TS213. 2

中国版本图书馆CIP数据核字（2014）第074739号

出版发行：河南科学技术出版社
地址：郑州市经五路66号 邮编：450002
电话：（0371）65737028 65788613
网址：www.hnstp.cn
策划编辑：刘 欣
责任编辑：刘 瑞
责任校对：耿宝文
封面设计：张 伟
责任印制：张艳芳
印 刷：鸿博昊天科技有限公司
经 销：全国新华书店
幅面尺寸：195 mm × 235 mm 印张：12 字数：320千字
版 次：2014年6月第1版 2017年9月第4次印刷
定 价：68.00元

诚挚感谢

在此真诚感谢DK出版公司的玛丽·卡拉瑞、阿拉斯·戴尔，他们的帮助和鼓励是完成此书不可缺少的动力。感谢波瑞·格森和戴博瑞·麦克肯纳代理公司的其他同仁，他们协助我做了很多工作。最后，要感谢我的家人、朋友，他们对我的写作予以热情的鼓励；他们不断地试吃，更是本书获得的最实实在在的支持。

DK公司在此感谢下列人员在拍摄图片中的贡献：

艺术总监：尼克·考林斯、米瑞德·哈维、路易·帕瑞尔、丽萨·派提伯恩
道具师：唐伟
食品造型师：凯特·布林曼、劳瑞·欧文、蒂尼斯·斯马特
家庭经济助理：艾米丽·琼仁

本书中所使用的厨具均由英国厨房专业供应商Lakeland赞助提供，欢迎访问www.lakeland.co.uk，或致电01539488100

一并感谢：

图片定型指导：卡洛琳德·首扎
编辑助理：多瑞斯·可空
设计助理：阿娜米卡·瑞伊
校对：琼·艾力斯
索引制作：苏珊·波萨库
修版润色：斯蒂文·克若耶